人工知能はこうして創られる

東京大学教授
合原一幸 編著

ウェッジ

人工知能はこうして創られる

巻頭言

人工知能が世を賑わせている。新しい産業革命が到来し、新しい文明が始まるとされる一方、これが巻き起こす社会的不安が真剣に危惧されている。挙句の果ては人工知能が人類の知能を凌駕し、人間が人工知能に仕えるようになるというシンギュラリティの到来までがささやかれる。

人工知能は科学者・技術者の長年の夢であった。これが今現実のものとなって、脚光を浴びている。しかしそれはまだ揺籃期にあるが、これからの時代の流れに大きく影響していくことは間違いない。この情勢に一喜一憂するのではなくて、私たち自身がこの情勢を正しく理解し、その上で人工知能に対処する道を切り開いていかなくてはならない。

このためには、人工知能の実情を知る必要がある。その発展の歴史的な流れを追い、これからの方向を見据え、さらに広い視野に立ってその可能性を理解することが重要である。世に人工知能をもてはやす書物や解説は多いが、その多くは時流に乗って囃し立てるものであったり、難解な技術的な解説であったりする。

本書は流行が訪れる前からこの分野で地道に研究を追求してきた中堅の研究者たちが、人工知能の基礎と今後の発展、さらに将来の広い可能性について、蘊蓄を傾けたものである。編者でもある合原一幸は、人工知能と脳について、数理の立場から広く研究をリードしてきた第一人者である。そこでは人工知能の歴史的な展望、脳の仕組みとの関係、さらに将来の見通しが分かりやすく述べられている。この分野の指導的な研究者ならではの、含蓄に富んだ展望が語られている。

人工知能のブームは、機械自身が学習し自己の能力を高めていく仕組みの実用化に始まったといってよい。機械が学習するとはどういうことなのか、牧野貴樹は具体例に即しながら、これをわかりやすく解説している。人は多くの場合、正解を出す仕組みを言葉で教えられて学習する。機械は多数の例題と解が与えられた時に、その中に潜んでいる正解を出す仕組みを自動に獲得するが、その理由を明示はしない。

一方、金山博は、自分もその一員として開発に取り組んだ、ＩＢＭの人工知能Watsonについてこれまでにあまり知られていなかった秘話を語ってくれる。Watsonとはコンピュータによる質問応答システムであるが、２０１１年にアメリカのテレビのクイズ番組であるJeopardy!で歴代のチャンピオンを打ち負かして優勝し、大変な話題になった。ＩＢＭはこれをもとに、多くの人工知能システムを売り出している。

人工知能の時代が来るならば、それは従来型のコンピュータをも変革するに違いない。今のコンピュータは何といっても大規模で、しかも莫大な電力を消費するからである。新しい可能性は、脳のニューロンの仕組みにある。これを模した脳型のコンピュータの開発について、実際に新しい有望なシステムを開発しつつある、河野崇が語っている。また、さらに視野を広げて、自然界そのものを計算過程と見るのが面白い。今のコンピュータでは解けない問題を自然はどのように解決しているか、ここにヒントを得て、新しい計算方式を探るアメーバ型コンピュータを語るのは青野真士である。

何といっても、ブームの突破口を切り拓き、その最前線で活躍しているのは深層学習である。技術解説としてその仕組みを解き明かした木脇太一の論説は、大変参考になる。なぜ深層学習が強力なのか、それはいまだに完全に解き明かせているわけではないが、本解説は最新の成果を踏まえ、その秘密に迫る。わかりやすくしかも納得のいく論説である。

本書が時宜を得て皆さんの手に渡ること、大いに喜びたい。

甘利俊一（東京大学名誉教授、理化学研究所脳科学総合研究センター特別顧問）

まえがき

本書は、最近毎日のように報道され、日々進歩している人工知能（AI: Artificial Intelligence）を、多面的に解説したものです。

特に私の恩師でもある甘利俊一東京大学名誉教授に巻頭言をお書きいただけたことは、望外の喜びです。甘利先生は、現在広く使われているディープラーニングの基盤となる学習則を50年前に世界に先駆けて提案され、それ以降もこの分野を先導されてこられています。甘利先生のご著書『神経回路網の数理——脳の情報処理様式』（産業図書、１９７８）はこの分野に関する必読の書ですが、いまだに英語には翻訳されていないため、この本を読める日本の研究者は実に幸運かつ研究上も有利な立場にあります。ニューラルネットワーク（神経回路網）を本格的に勉強されたい方には、ぜひじっくり読まれることをお薦めします。

以下、本書の内容を簡単にご紹介しておきます。

本書の第1章では、このニューラルネットワークを含む脳研究と人工知能研究の関係を、歴史的経緯も踏まえて、一般向けに解説しました。

現在の人工知能開発は、巨大IT企業が強力に牽引しています。その意味で、企業で大活躍されている第一線の研究者である牧野貴樹さん（Google）、金山博さん（日本アイ・ビー・エム）にそれぞれご執筆いただいた第2章、第3章は、貴重な内容になったと思います。

第4章は、現役の医師でかつ天才的なアナログ電子回路研究者である河野崇さんに、ディープラーニングで用いられているような実際のニューロン（神経細胞）を極端に簡略化したモデルではなく、実際の神経細胞や神経システムを模倣したニューロミメティックなハードウェアに基づく脳型コンピュータ研究の現状について解説していただきました。この方向の研究は、ポスト・ディープラーニングを考える上で、1つの基盤となるものです。

第5章では、もう少し長期的視野の観点から、青野真士さんに粘菌アメーバ研究から発想された新しいナチュラル・コンピューティングについて紹介していただいています。そこでは、現在の人工知能とはまったく異質の知能の可能性を感じ取ることができると思います。

人工知能をより発展させるためには、第4、5章のような現在の主流や流行とは無縁な方向の探索も継続することが不可欠なのです。そもそも現在の人工知能の隆盛も、ほとんどの研究者が興味を失った多層構造のニューラルネットワークの研究を地道に続けた一部の研究者たちの努力によって花開いたものです。

とは言え、現在の人工知能開発で中心的役割を果たしている技術が、ディープラーニングであることは、紛れもない事実ですので、ディープラーニングに関して興味のある読者も多いと思われます。そこで最後に私の研究室で最近ディープニューラルネットワーク研究で博士号の学位を取得した木脇太一さんに、ディープラーニングに至る過去の研究も含めて、人工ニューラルネットワーク技術をやや専門的な観点から解説していただきました。ニューラルネットワーク技術の詳細に興味のある読者は、ぜひご参照いただきたいと思います。

本書によって、人工知能研究の歴史、現状、そして将来を広くご紹介することを目指しました。まだまだご紹介したい内容はたくさん残っていますが、今現在のタイミングで重要な役割を果たしうる最低限度の内容は盛り込めたのではないかと思っています。

甘利先生をはじめ、各章の執筆者のみなさん、それから本書の取りまとめの労をとっていただいた株式会社ウェッジの新井梓さんに感謝申し上げます。

合原一幸

２０１７年　初夏

目次

第1章

人工知能研究と脳研究
——歴史と展望

合原一幸
（東京大学）

はじめに

最近人工知能（ＡＩ）が世界中でたいへんな注目を集めています。特に、将棋や囲碁の試合でのトッププロ棋士に対する圧勝、車の自動運転、個々の患者さんに合わせたテーラーメード治療、画像や音声の高度な認識など、多くの人々にとって身近なテーマで人工知能の具体的な成果が上がっていることが、世の中の大きな興味を引きつける1つの要因になっています。こういった状況を歴史的にとらえて、第3次人工知能ブームとも言われています。

このような人工知能の興隆の1つのきっかけは、ディープラーニング（深層学習）と呼ばれる人工のニューラルネットワーク（神経回路網）を用いたニューロ計算手法が、画像や音声などのパターン認識で高性能を発揮して既存手法を凌駕したことでした。

このような最近の人工知能開発の流れを知っていると、**図1**の本は最新の本に見えるかもしれません。が実は、筆者が30年近く前に上梓した本です。[※1] 編集担当者が軽い思いつきで付けた「ＡＩ研究の行詰まりを打破!!」という本の帯がちょっとした物議を醸し、当時の人工知能の偉い先生からお叱りを受けたりしました。確かにちょっと過激な感じもします。それにしても、そもそも30年前は、我々ニューラルネットワークの研究者は人工知能のことは知らなかったし、逆に人工知能の研究者はニューラルネットワークに見向きもしていなかったのです。

しかし、30年も年月が経つと世代が入れ替わります。今では、人工知能の若い研究者や技術者が率先してディープラーニングを用いています。筆者にとっては、隔世の感があります。30年たってようやく、この本の帯のメッセージが現実のものになろうとしているのです。ここで、ご注意いただきたいのは、あまり明示されることはありませんが、人工ニューラルネットワークを用いたニューロ計算が人工知能分野で本格的に使われるのはディープラーニングが初めての

図1　合原一幸著『ニューラルコンピュータ　脳と神経に学ぶ』（東京電機大学出版局、1988年）

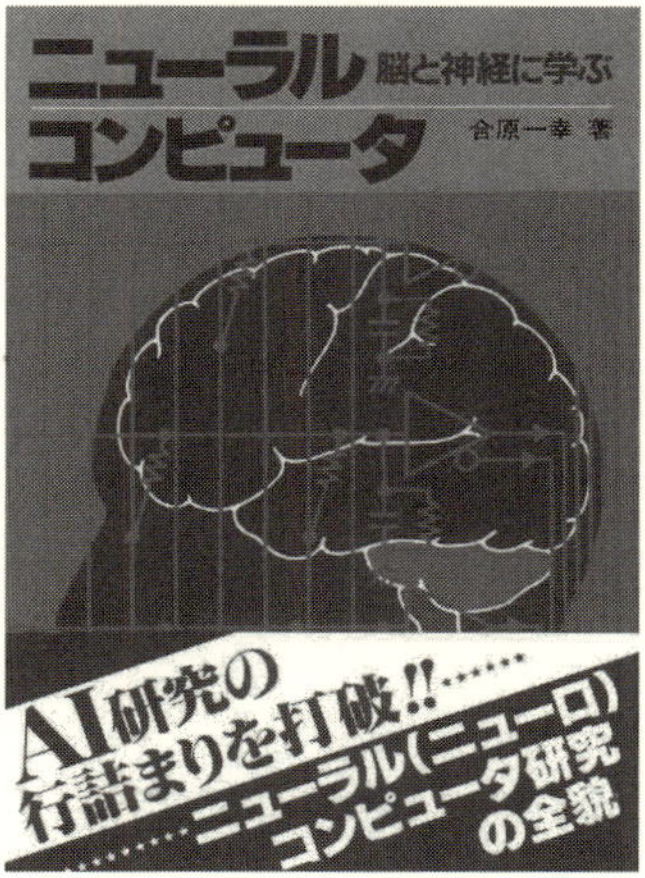

ことなのであり、他方でこのディープラーニングはしばしば「脳を真似た」などと表現されますが、この技術は脳を極端に単純化したもので、脳自体とはまったく違うという点です。このことを理解していないと現在の人工知能研究の本質を見逃してしまうことになります。

そもそも脳の高次情報処理の仕組みそのものが、いまだ十分には明らかになっていないので、脳とは違うという意味をご説明しなければなりません。脳について、現時点でかなり詳しくわかっているのは、脳の基本素子であるニューロン（神経細胞）に関してです。ニューロンの特性を数学的に表現する研究には、後述するように100年以上の歴史があり、多くの知見が得られてきています。現在の人工知能で使われている人工のニューロンは、その中でも極端に簡単化した数学モデルから成るニューロン層を、入力から出力へ向けて一方向に信号が伝わるように多段に積み重ねたものです。したがって、実際の脳における、はるかに複雑なネットワーク構造下ではるかに複雑な特性を有するニューロン群が生み出す豊富なダイナミズム、すなわち動的な振る舞いは再現できません。他方で、実際の脳の情報処理の様相そのものは極めて動的であることがさまざまな実験研究で明らかになってきているので、この点で脳の働きは現在のディープラーニング主流の人工知能とは大きく異なっています。もう1つの重要なポイントは、脳の学習則に関わる問題です。現在のディープラーニングの元になった学習理論である「確率降下学習法」は、筆者の恩師の甘利俊一東大名誉教授が50年前に考案したものです。[※2] この学習則はコンピュータのアルゴリズムとして使用すると、たいへん強力な数学的学習手法になりますが、実際の脳の中で使われている可能性は低いと考えられています。言い換えれば、脳の中で本当に使われている学習則の発見、さらにはそのアルゴリズム化、プログラム化は、今後に残された脳科学の大きな研究課題なのです。そして、これらが解明されれば、より人間に近い学習、たとえばビッグデータを使わなくても、わずかなサンプルデータから対象の本質をとらえることなども可能になるはずです。

ここで重要なのは、学習に用いる大量のビッグデータの計測と蓄積がセンサー技術やIoT技術の進歩で実現したことと、そのようなビッグデータを用いて大規模学習ができるようなコンピュータ能力がこの30年で開発されたことによって、ビッグデータを活用してディープラーニングで学習する現在のような高度なニューロ情報処理が可能となったという事実を

図2　最近の人工知能発展の3つの背景

・センサー技術やIoT技術の進歩による、学習に用いるビッグデータの計測と蓄積 ・コンピュータの処理能力の増大 ・人工ニューラルネットワーク（ディープラーニング）技術

よく理解しておくことです。つまり、数学としての原理的な新しさはないが、ＩＣＴ技術の大きな進歩が、現在のディープラーニング応用人工知能技術の進歩の背景になっているわけです（**図2**）。

人工知能研究の歴史

人工知能、アーティフィシャル・インテリジェンス（ＡＩ）という用語は、１９５６年にアメリカのダートマスカレッジで行われたＪ・マッカーシー、Ｍ・ミンスキー、Ｎ・ロチェスター、Ｃ・シャノンらが企画した夏期研究プロジェクトに由来します。それ以降、**図3**に示すように大まかには過去２度の興隆を経て、現在の第３次ＡＩブームに至っています。

図3　ニューラルネットワーク研究と人工知能研究の歴史

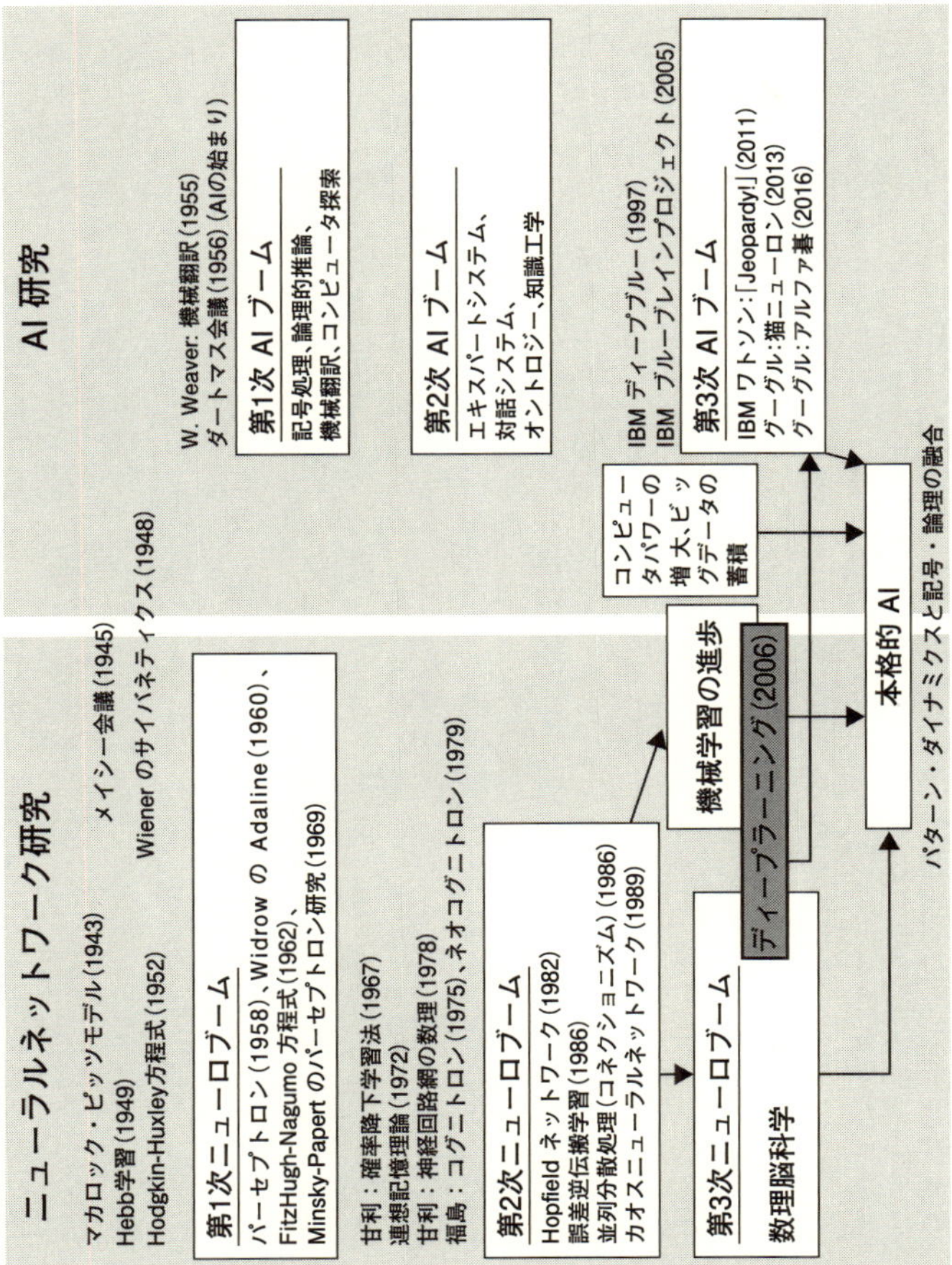

上記のダートマス会議以降の1950年代後半から1960年代にかけてが、第1次人工知能ブームと言われています。当時実用化されつつあったデジタルコンピュータ（この当時はまだアナログコンピュータも頑張っていました。後述するニューロモルフィックハードウェアは、ある意味でアナログコンピュータの復活とも言えます）と相性のよい、記号と論理をベースに知能の実現を目指したものです。ただし、当時はコンピュータの能力も限られていて、期待されたほどの成果は上げられませんでした。特に、1950年代にW・ウィーバーによって提案されて大きな注目を集めた機械翻訳がうまく進まなかったことも、ブームを終焉させた1つの要因になったと言われています。

次の第2次人工知能ブームは、1970年代後半から1980年代にかけてでした。この時期は、特にさまざまな分野の専門家知識のコンピュータでの実現を目指すエキスパートシステムを、記号論理や知識構造に基づいて構築する研究が活発に行われました。当時は現在のようなビッグデータが計測できない時代であったので、ルールを明示的に抜き出す形でシステム開発が行われましたが、やってみると専門家の暗黙知のルール化は極めて困難であることがわかりました。また、解決すべき問題に関連した枠組みを設定する広義の「フレーム問題」の難しさも顕在化して、研究は次第に下火になっていきました。

しかし、これらの失敗から学んだことも多いのです。たとえば最近の将棋、囲碁、ゲームにおける人工知能開発は、このフレーム問題に悩まなくていい問題を対象にしたことが、大成功の要因となっています。この現在の第3次人工知能ブームは、最初に述べたように**図2**の背景のもとに実現されたものです。特に、人工ニューラルネットワークによるディープラーニングが核となっているので、次にこのような人工ニューラルネットワーク分野の研究の歴史を簡単に振り返ってみましょう。

ニューラルネットワーク研究の歴史

脳は、ニューロン（神経細胞）という細胞からできています**（図4上）**。このニューロン仮説を唱えたのは、スペインの独創的神経解剖学者S・R・カハールです。19世紀後半のことであり、ニューロンの存在は20世紀になってから最終的に確認されました。

人間の脳は、約1000億個のニューロンから成ると言われています。脳は、たいへん高度な集積回路網として構築されています。脳の表面1立方ミリメートルの中に、約10万個の神経細胞、約数億個の結合部分（シナプスと呼ばれる）、約10キロメートルの結線が存在すると推定されています。

20世紀初めから、ニューロンの数学モデルの研究も始まっています。最近話題になったIBMのニューロチップTrueNorth上に実装されたリーキー積分発火（インテグレートアンドファイア）型（LIF）ニューロンモデルの原型は、フランスのL・ラピクによって1907年に提案されたものです。

図4　脳のニューロンとマカロック・ピッツの形式ニューロンモデル

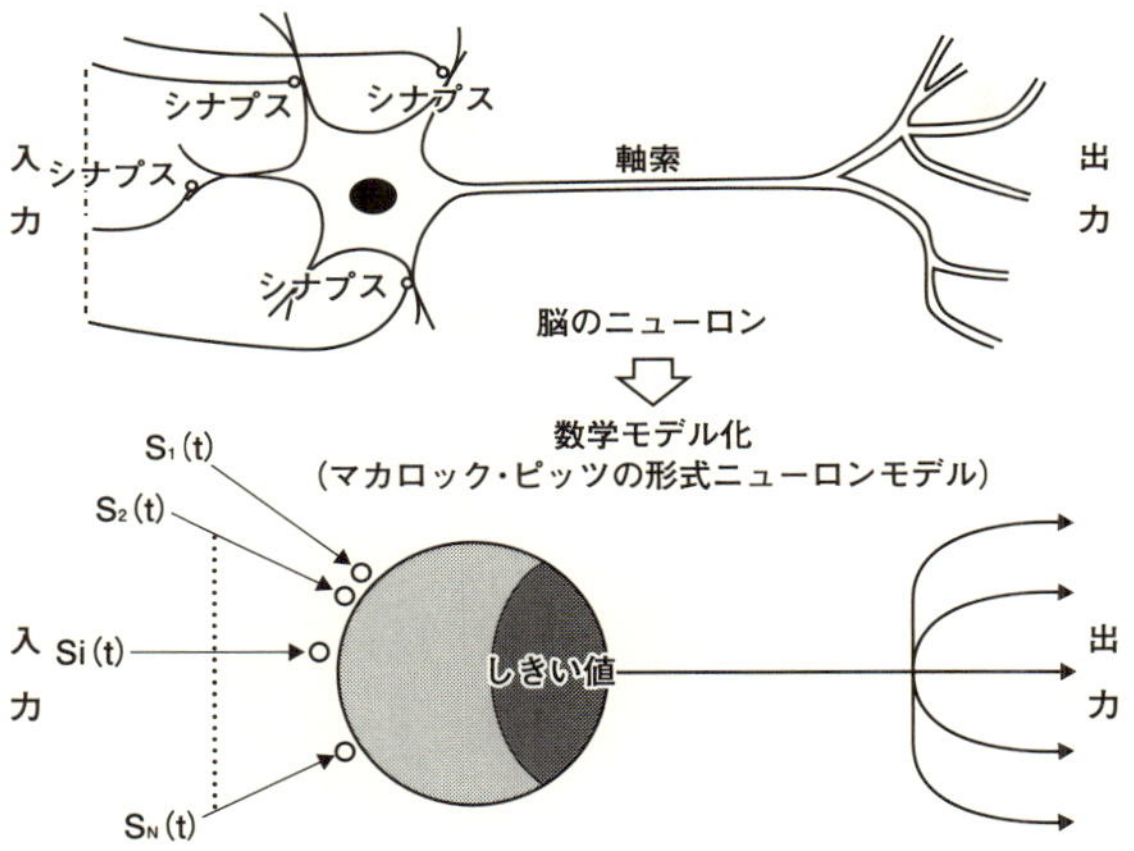

現在のディープラーニングに至る人工ニューラルネットワークの源流は、1943年にアメリカのW・S・マカロックとW・ピッツによって提案された形式ニューロンモデルです（**図4下**）。これは、ニューロンの発火（興奮）状態を1、非発火（静止）状態を0で表した論理素子のようなニューロンモデルです（**図5**）。このマカロック・ピッツのニューロンモデルは論理的に万能であり、任意の論理関数がこの形式ニューロンモデルから成る人工ニューラルネットワークで実現できることが証明されています。この研究を行った時、ピッツはなんと17歳でした。

図5　マカロック・ピッツの形式ニューロンモデルの入力と出力の関係
（ヘビサイド関数）

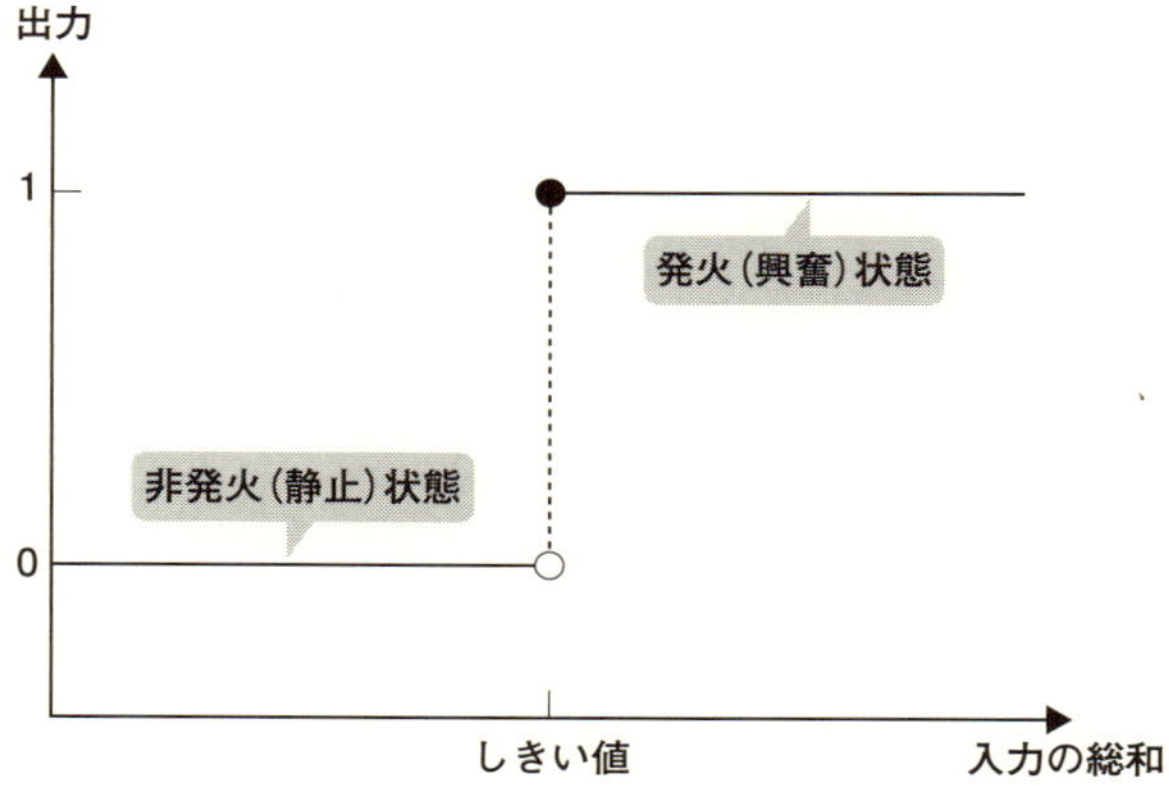

　現在のデジタルコンピュータの基となったチューリング機械は、イギリスの数学者A・チューリングによって１９３６年に数学的に定式化されました。これは、彼にとってはある意味「脳」の数学モデルでした。他方で、論理的に万能なマカロック・ピッツモデルのニューラルネットワークにさらに記憶テープなどを付け加えるとチューリング機械も実現できることが、マカロックとピッツによって示唆されました。この意味で、マカロック・ピッツモデルはデジタル的に脳をとらえたニューラルネットワークモデルと位置付けることができます。

1958年に心理学者F・ローゼンブラットは、マカロック・ピッツの形式ニューロンから成るニューラルネットワークにおけるニューロン間の結合強度（シナプス結合係数と言う）を変化させる学習規則を提案しました。学習機械パーセプトロンです。これをきっかけに第1次ニューロブームが始まりました。後述するように、誤差逆伝搬学習則が第2次ニューロブームの、そしてディープラーニングが第3次AI・ニューロブームの契機となりました。新しい高機能学習則の発見が生み出す応用上のインパクトの大きさがよく表れているように思います。

一般にニューラルネットワークの基本構造の典型例には、ニューロンから成る層を多層並べて、信号が入力層からいくつかの中間層（入出力の間に隠れているので隠れ層とも呼ばれます）を経て出力層へ一方向的に伝わりながら情報処理を行うフィードフォワード型ニューラルネットワーク（**図6**(a)）、各ニューロンの出力がフィードバックして多数のニューロンに結合するフィードバック（リカレント）型ニューラルネットワーク（**図6**(b)）があります。ディープラーニングで用いるディープニューラルネットワークは、フィードフォワード

図6　ニューラルネットワークの基本構造

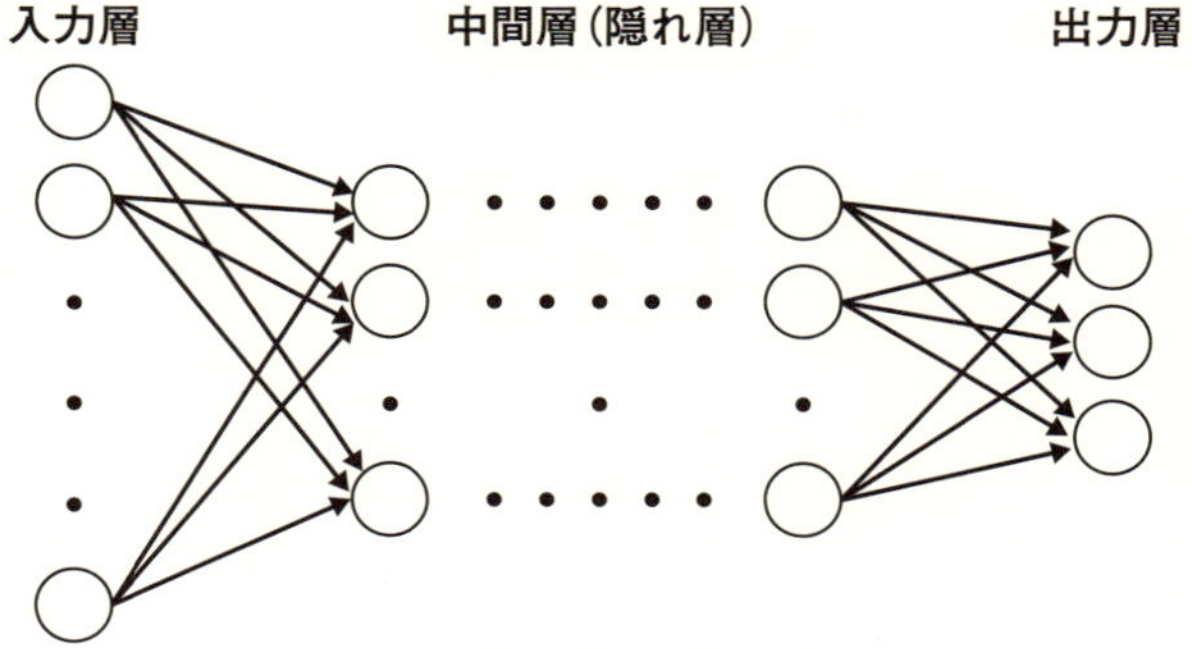

(a) フィードフォワード型ニューラルネットワーク

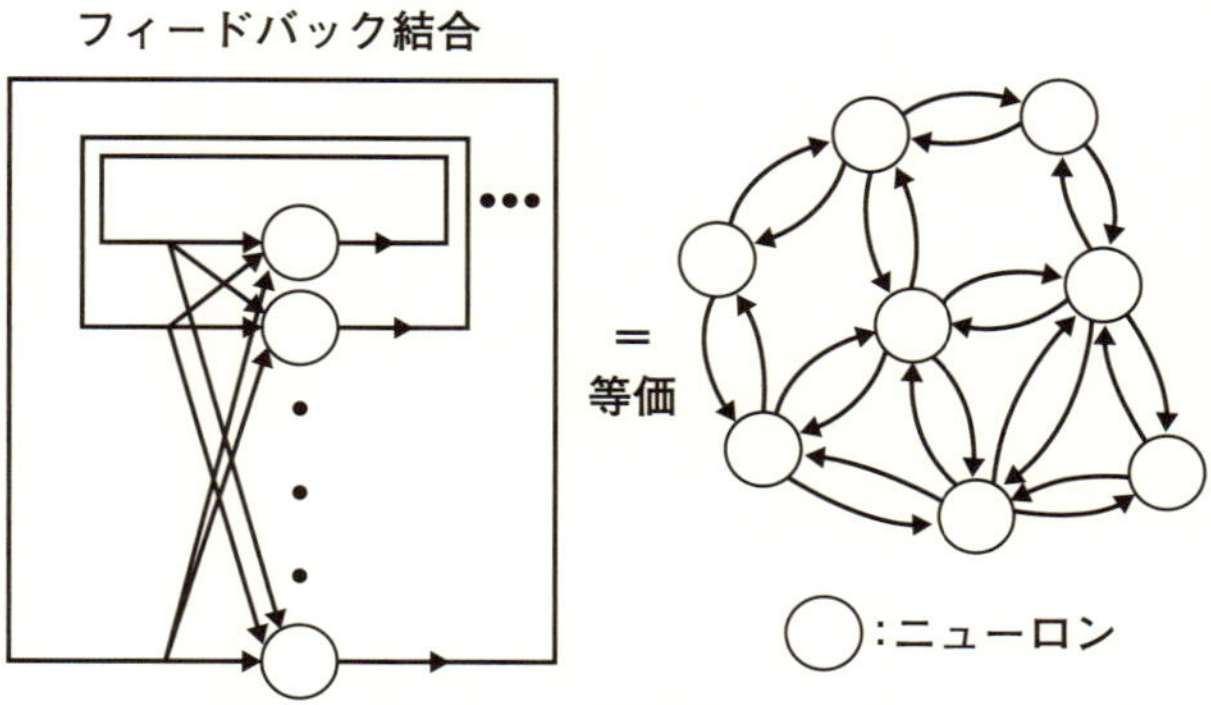

(b) フィードバック（リカレント）型ニューラルネットワーク

型ニューラルネットワークに分類され、その中間層の層数が多いという意味でのディープです。

パーセプトロンの中で、詳しく研究されたのは、中間層を1層のみ持つ3層のフィードフォワード型ニューラルネットワークです。これを単純パーセプトロンと呼びます。1970年前後にD・マーやJ・S・アルブスによって、小脳が単純パーセプトロンとしてモデル化され、その後の伊藤正男らによる実験研究へと大きく発展しました。脳がすべてディープ（深層）構造を持つ訳ではなく、小脳のように浅層で働いている部位もあるのです。

単純パーセプトロンは、入力と出力（正解）のデータセットを次々にニューラルネットワークに提示して、ネットワークの実際の出力が正解に近づくように中間層ニューロンから出力層ニューロンへのシナプス結合係数のみを学習させるもので、今日のディープラーニングにおける学習応用様式の萌芽が見て取れます。ただし、単純パーセプトロンの上記のような限られた学習ではその能力には当然限界があり、次第に研究が下火になっていきました。

単純パーセプトロンは出力層への結合のみを学習するものでしたが、これを拡張して、多層のフィードフォワード型ニューラルネットワークの入力層から出力層へ至るすべてのシナプス結合係数を学習させれば、より高度な能力が発揮できる可能性があります。このためのアルゴリズムが１９８６年に誤差逆伝搬学習則として提案され、第２次ニューロブームの契機となりました。ただし、この学習則の基本原理自体は甘利俊一先生が１９６７年に発表した確率降下学習法にあります。

この第２次ニューロブームの時代においては、たくさんのニューロンをさまざまに結合して誤差逆伝搬学習則を用いていろいろな知的情報処理を並列分散的に実現する「コネクショニズム」が活発に研究され、当時の第２次人工知能ブームのルールベースの研究と好対照となりました。

ただ残念なことに、その当時は、学習のためのビッグデータもその学習を実行するコンピュータパワーも不十分でした。そのため、コネクショニズム研究も次第に沈静化していきました。また、深い考察なしにさまざまな問題を「多数の人工ニューロンをつなぐコネクショニズム」一辺倒で安易に解決しようとしたことも、強引すぎたように思われます。

しかしながら他方で、脳の理論研究自体は、第２次ニューロブーム後の１９９０年代にむしろ活性化したように思います。特に我が国では、この時期に脳科学研究の４つの柱の１つとして「脳を創る」領域が立ち上がり、世界を驚かせました（**図7**）。この「脳を創る」領域では、脳の情報処理の仕組みを理論的に研究する計算論的神経科学や脳型コンピュータなどの脳に関するさまざまな数学的・工学的脳研究が行われてきました。

これに対して、誤差逆伝搬学習則の提案者のひとりでもある、Ｇ・Ｅ・ヒントンらは第２次ニューロブームが終わった後も多層フィードフォワード型ニューラルネットワークの学習に関するノウハウを地道に積み重ね、その努力が今日のディープラーニングとして開花しました。根気強い努力の継続がすばらしいと思います。実は理論的には、中間層を１層のみ持つ３層の浅層フィードフォワード型ニューラルネットワークでも中間層のニューロン数が十分多ければ、入力層から出力層への任意の連続写像が任

図7　日本の脳科学研究の4つの柱

- 脳を知る
- 脳を守る
- **脳を創る**
- 脳を育む

意の精度で近似できることが、第2次ニューロブームの頃に船橋賢一らによって証明されています。すなわち、フィードフォワード型ニューラルネットワークの能力としては浅層でも原理的には十分なはずなのですが、いろいろなノウハウもあって実用的にはディープラーニングが大きな成果を上げています。これが第3次ニューロブームの根幹です。そして、はじめに述べたように、このディープラーニングによって、第3次人工知能ブームと第3次ニューロブームが融合することになりました（**図3**）。

ディープラーニングの詳細に関しては、本書の最後に木脇太一によって詳しく解説されているので、それをご参照いただきたいと思います。オートエンコーダーや制限ボルツマン機械を用いた事前学習で、多層フィードフォワード型ニューラルネットワークの多数のパラメータの適切な初期値を設定することが、高機能のシステムを作るノウハウの1つになっています。また、人工ニューロンの出力関数としては、**図5**のヘビサイド関数の代わりに、**図8**に示すReLU出力関数が広く使われています。

ただここで注意すべき点は、確かにディープラーニングは画像や音声などのパターン認識

図8　ディープラーニングで広く使われるReLU（Rectified Linear Unit）出力関数。ここで、y=max（0, x）。

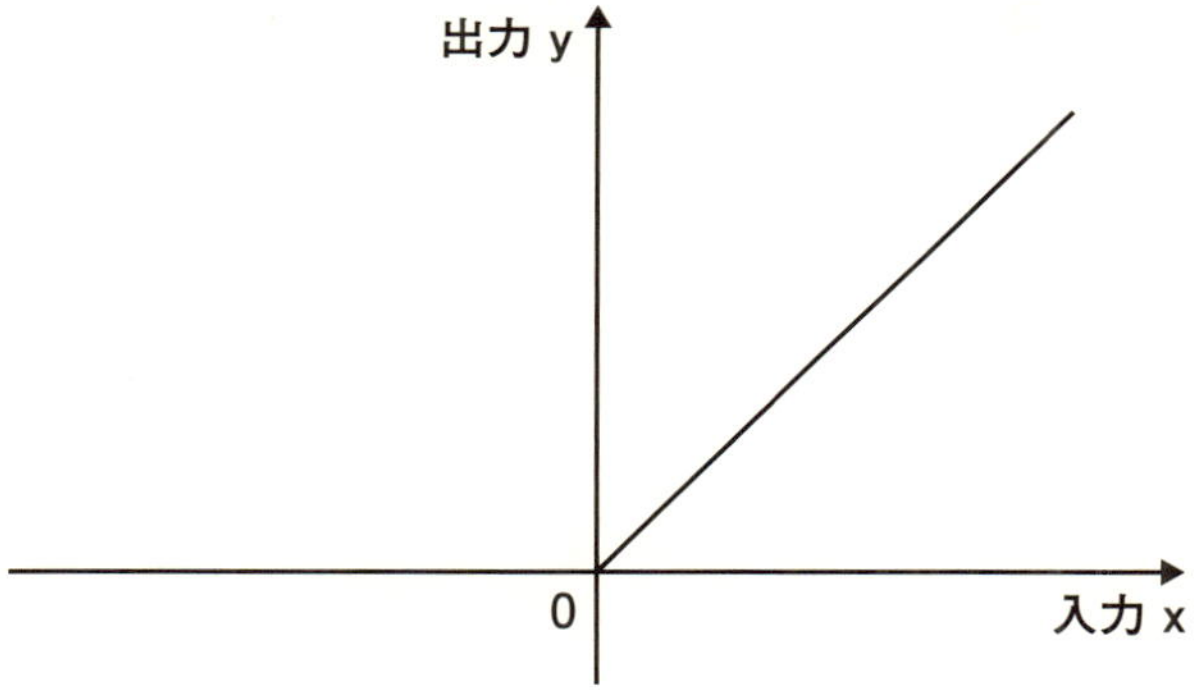

で高い性能を発揮していますが、すべての問題をディープラーニングで解決しようとするのには無理があります。ディープラーニングが得意な問題にはもちろん積極的に使うべきですが、たとえば多数のセンサーで計測する複雑な時系列データなどの解析にはとても適した他の手法が存在します。人工知能に限らず複雑な人工システム構築の基本ですが、個々の要素技術の長所をうまく組み合わせて、高度な機能実現のためにシステムとして統合することが本質的に重要です。そのためには、各応用に際して、ディープラーニングの長所と短所を見極める必要があるのです。

いずれにしろ、高い学習能力を持つ脳型情報処理システムの実現は、**図1**の本で筆者が夢見たことであり、それが30年を経てなんとか形になりつつあるのは、たいへんうれしいことです。

人工知能とシンギュラリティ

昨今の人工知能の急激な発展に伴って、技術的特異点、シンギュラリティの問題が一部で論じられています。※3、4、5、6 特異点と言うと数学的な話のように聞こえますが、そうではありません。いくつかの定義があります。

1つは、人工知能がそれ自体の能力を超える人工知能を再生産できるようになるという人工知能の再帰的進化に基づくものです。よくある間違いは、このような人工知能の再生産能力の獲得＝人工知能の能力の爆発的増加、というものです。これは、線形的世界観です。確かに線形の微分方程式でこのような再生産を数学モデル化すると、その解は指数関数で爆発的に増大します。17世紀のマルサスの人口論[※7]がまさにこれです。彼は人口増加に関して、何の抑制効果も存在しない場合、等比級数的（指数関数的）に急激な人口爆発が生じる可能性を論じました。実際、当時アメリカ合衆国の人口が25年で2倍になったというデータがありました。このような指数関数的人口爆発は、簡単な線形微分方程式の解で記述できます。しかしながら、マルサス自身も議論しているように、指数関数的爆発はさまざまな要因で抑制されます。たとえば、シャーレ上でのバクテリアの培養実験などをやるとわかるように、最終的に一定の定常値に収束していくのが普通です。これらは上記の線形微分方程式に、細胞数の増加による増殖率の抑制効果を導入して非線形微分方程式に拡張すると、理論的に説明できます。一般に現実の世界では、変数の値がたいへん大きくなると、このような非線形効果を生じて、値の過大な発散が抑えられるのです。ここで注意すべきことは、これらの指数関数的に増大せずに一定値に収束していく解も、時間に関して増加関数ではあることです。つまり、人工知能で言えば、ある人工知能が自己より能力の高い次世代の人工知能を生み出す状況の例になっているのです。すなわち、自己より能力の高い人工知能を作れる人工知能が実現したとしても、その能力は爆発的には増加しないことの方がより自然なことなのです。

もう1つのよく使われるシンギュラリティの定義は、「人工知能の能力が非常に増大してヒト脳の能力を超え、これらのテクノロジーと人間が融合して、人間生活の変化が予測できない状況になってしまう臨界点」と定義するものです。前者もそうですが、このような発想の背景には、電子集積回路の機能が、18カ月から2年毎に約2倍になるという「ムーアの法則」があります。実際最近数十年の集積回路の発展は、ムーアの法則を裏付けているように思われます。

ただし、このような電子集積回路の指数関数的増大がいつまでも続くことは考えにくいことは、すでに議論した通りですし、実際陰りが見え始めています。したがって、電子集積回路機能の指数関数的増大の継続を前提としたシンギュラリティの議論は、根拠が薄弱と言わざるを得ません。

脳研究の難しさ

デジタルコンピュータやそれに基づく人工知能が、単純計算能力をはじめとして最近の囲碁の能力に至るまで、特定の能力に関して人間の脳を凌駕した例は、枚挙にいとまがありません。しかしながら、総合的能力として人工知能が脳を超えるとは、少なくとも筆者には考えられません。脳の研究を経験したことのある研究者の多くは、同じ感想を持つと思います。

既に述べたように、そもそも脳の情報処理自体、大勢の脳科学者の努力で少しずつ理解は進んでいますが、全貌の解明ははるか彼方です。そこには、脳の情報処理のからくりの解明固有の難しさ、複雑さがあります。

たとえば、2つの器官、心臓と脳を比較すると、この脳ならではの問題の困難さがよくわかります。心臓は心筋細胞、脳はニューロンを主な構成要素としてできていますが、どちらの細胞も電気パルスを生み出すという共通の性質を持っています。数学的には、興奮的力学系という枠組みでモデル化することができます。興奮的とは、刺激を受けて電気パルスを生成するという意味です。ところが、心臓の場合は血液を送り出す一種のポンプなので、説明すべき機能が明解なため、心筋細胞などの数学モデルを用いて心臓全体のモデルを作ることすら可能ですし、実際優れた大規模シミュレータなども構築されています。

これに対して、脳全体の情報処理の機構はほとんど未解明なので、したがって単一のニューロンレベルでは優れた数学モデルを作れても、それをどうつなげて大規模ネットワークとしての脳を構築するかは今日でも極めて困難な問題です。したがって、たとえ脳の大規模なシミュレータを現時点の知見を基に作っても、あまり有効ではありません。そもそもどのような特性や機能を具体的に説明すればいいのかすら、よくわかっていないからです。これが、脳の情報処理解明に固有な困難さです。この問題があるので、そもそもシンギュラリティと関係した議論における「人間の脳を超える」という言明自体がうまく定義できていないのです。

脳におけるデジタルとアナログ

情報処理システムとしての脳の大きな特徴は、デジタル的情報処理とアナログ的情報処理が様々なレベルで共存し、うまく融合している点です。

ニューロンは活動電位というパルス幅約1ms、パルス高約100mVの電気パルスを生成します。この電気パルスが脳内で情報を担っていると考えられています。この活動電位は、ナトリウムイオンとカリウムイオンの移動で生み出されています。電子集積回路とニューロンはともに電気的信号を使って情報処理を行いますが、前者は主にエレクトロンを用いるのに対して後者は陽イオンを用いるため、ニューロンの電気パルスは遅く、それを補うために脳では並列分散情報処理様式が発達したと考えられています（この並列分散情報処理の人工的活用を積極的に試みたのが、1980年代のコネクショニズムでした）。

ニューロンを構成する神経膜をミクロに見ると、脂質2分子層の膜の中に、ナトリウムイオン、カリウムイオンを各々選択的に通すタンパク質であるナトリウムイオンチャネルとカリウムイオンチャネルが多数埋め込まれた構造となっています。これらのイオンチャネルは、オン・オフ的に開閉します。すなわち、開いてイオンを通す状態か、閉じてイオンを通さない状態かの2値状態をとります。この意味で、デジタル素子になっています。しかしながら他方で、オン状態、すなわち開いている時間幅はアナログ的に制御されています。したがって、活動電位を生み出すミクロな基盤レベルですでにデジタルとアナログが混在しているわけです。

活動電位の生成には、多数のイオンチャネルが関わります。そのため、活動電位の生成メカニズムを非線形微分方程式で記述して１９６３年のノーベル生理学医学賞を受賞したケンブリッジ大学のＡ・Ｌ・ホジキンとＡ・Ｆ・ハクスレイの数学モデルでは、多数のナトリウムイオンチャネル群とカリウムイオンチャネル群の開閉度合の空間平均量をアナログ値のナトリウムコンダクタンス、カリウムコンダクタンスでマクロに表現して数学モデル化しています。

生成された活動電位の電気パルスは、軸索と呼ばれるニューロンのケーブルに対応する部位（**図4**）を伝搬していきます。この時、軸索の起始部でのパルス生成時にしきい値以上の振幅を持つパルスは一定振幅の活動電位へと増幅されますが、しきい値以下のパルスは伝搬中に次第に減衰してしまいます。これを、悉《しつ》無《む》律《りつ》、あるいは全か無かの法則と呼びます。この意味で活動電位はデジタル的電気パルスですが、軸索の長さは十分長い訳ではないので、アナログ的な振幅で末端のシナプスに到達する電気パルスも多いと思われます。

また、個々のニューロンは活動電位の電気パルスを次々と生成します。このような活動電位のパルス列にどのように情報がコードされているかというニューロンの情報符号（コード）は、いまだにはっきりとはわかっていません。活動電位自体は伝搬距離が十分長ければデジタル信号的ですが、パルス列のパルス密度、パルス間隔の時系列、さらにはパルスのタイミングといったアナログ量が情報をコードしているという諸仮説が根強く残っています。

さらに、軸索末端のシナプスに到達した電気パルス信号は、化学伝達物質を介して次のニューロンへと伝達されます。このように、脳は電気的のみならず化学的な情報処理システムでもあるのです。

脳とシンギュラリティを巡って

デジタルとアナログの両方の特性を用いている実際の脳に対して、シンギュラリティに関わる議論は脳をデジタル的にとらえる傾向があります。その1つの理由は、すでに述べたチューリング機械とマカロック・ピッツの形式ニューラルネットワークを基盤とするデジタル的脳モデルの存在とその大きな影響力にあるように思われます。そして、もしも脳がデジタルシステムとして記述できるならば、デジタルコンピュータの高性能化に伴って、いつかは脳に手が届くことになります。さらには、それができれば、デジタル通信によって、デジタル脳を伝送して次々にコピーすることも可能になってしまいます。[※5] つまり、脳をデジタル情報処理システムだととらえれば、シンギュラリティは起こり得るかもしれません。しかしながら、前節で述べたように、脳はデジタルとアナログがうまく融合したハイブリッド系なので、単純にデジタル情報処理システムとして記述できないのです。

これに対する予想される可能な反論としては、ビット数を十分増やせばアナログはデジタルで十分精度よく近似できるからデジタル的記述でいいのではないか？　というものです。しかしながら、ニューロンの神経膜はカオスという非線形現象を生み出すことがわかっています（図9）。これは、筆者が大学院生の頃に、故松本元先生と共同で発見したものです。実験に用いた生物は、ヤリイカです。

人間のニューロンの軸索部の太さは、数㎛～数十㎛ですが、ヤリイカは直径1mm近い巨大軸索を何本か持っています。太いといろいろな実験上のメリットがあります。20世紀前半の神経科学の主要問題の1つは、活動電位の生成機構の解明で、これにホジキンとハクスレイが成功してノーベル賞を受賞したことは、すでに述べた通りです。実は彼らもヤリイカの巨大軸索を実験に用いています。ヤリイカの巨大軸索も人間のニューロンの軸索も、活動電位を生成して伝搬する基本原理はほぼ同じです。

松本先生の大きな業績の1つは、ヤリイカの人工飼育に成功したことである、と書くと、読者のみなさんは意外な感じを持たれるかもしれません。ヤリイカの巨大軸索は実験に極めて適していたため、世界中の神経科学者がヤリイカを実験に用いていましたが、ヤリイカの人工飼育ができなかったため、彼らは海の近くの臨界実験所で実験するという状況でした。

松本先生は、最先端機器を駆使する現代科学としてこれはまずいと考えられました。ヤリイカの人工飼育ができれば最新設備の整った内陸の研究所でも神経の実験ができるはずです。ただし、さすがに世界の誰も成功していなかっただけに容易ではなかったのですが、松本先生は3年半の苦闘の後に遂にこのヤリイカの人工飼育に成功して世界を驚かせました。※8

筆者もその恩恵に預かり、豊富なヤリイカ巨大軸索を用いて世界に先駆けてヤリイカ巨大軸索のカオスを発見することができました。※9 もう1つ、ヤリイカの刺身やてんぷらをたらふく堪能できたというおまけの恩恵もありました。すべて松本先生のおかげです。

ヤリイカ巨大軸索のカオス

ヤリイカ巨大軸索がカオス的振る舞いを生み出す（**図9**）ということは、ニューロンの膜

図9　ヤリイカ巨大軸索のカオス
（(a)時間波形と(b)カオスの幾何学的構造）

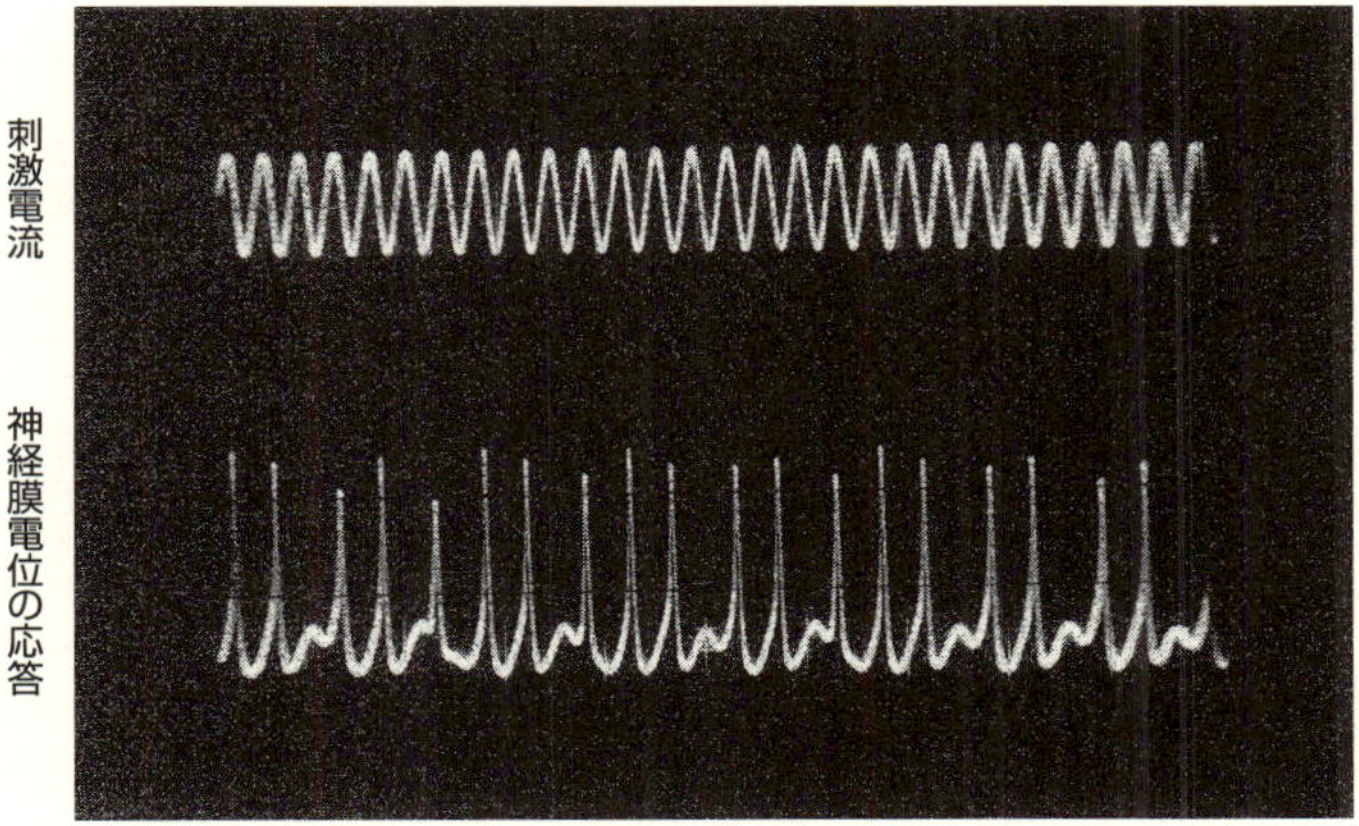

(a)

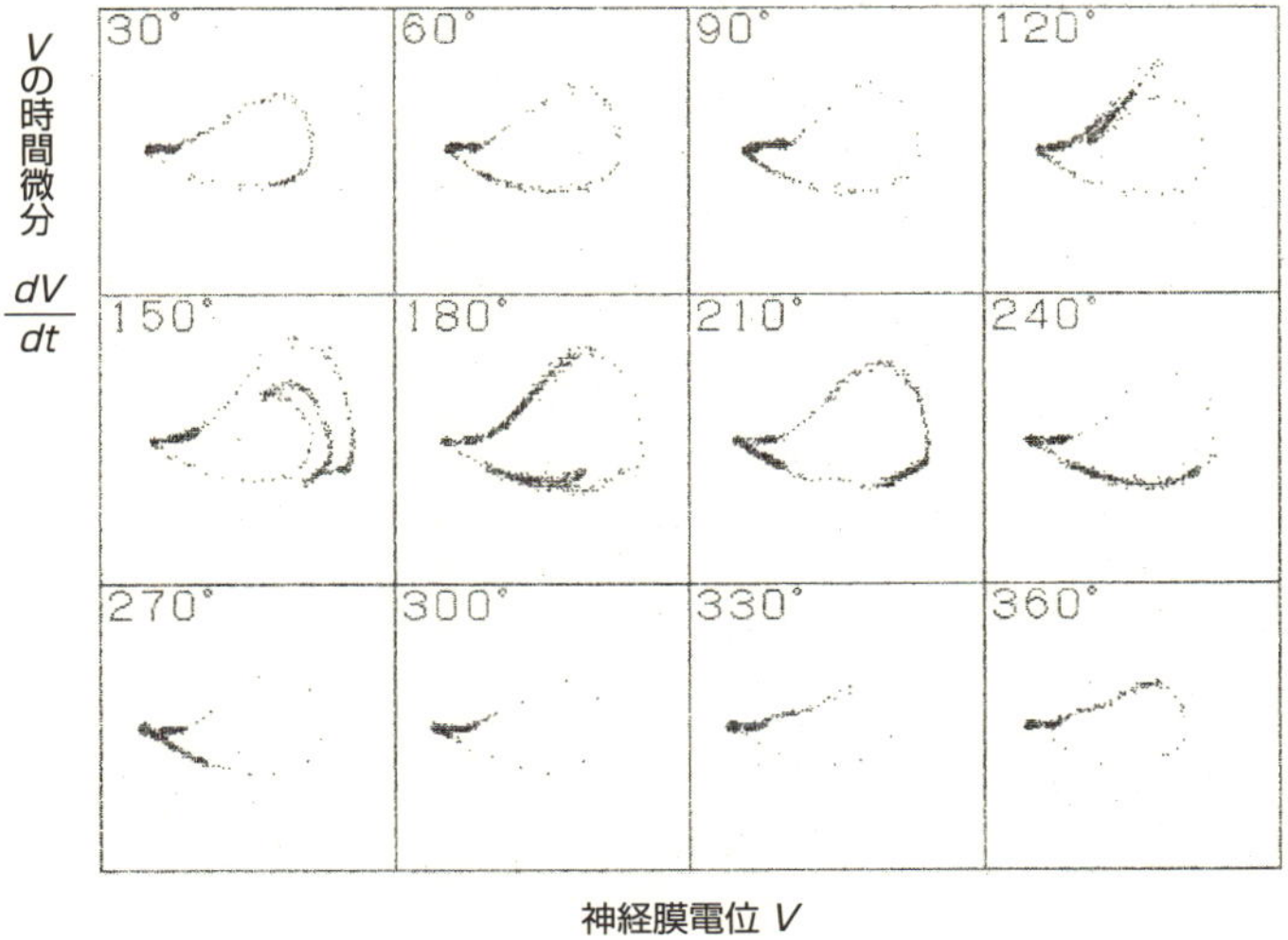

(b)

ます。

されていることを示唆しています。このことは実は、脳のデジタル近似の限界を暗示してい（神経膜）はカオス的デバイスであり、そのようなカオス的デバイスを材料として脳が構築

数学用語としてのカオスは、決定論的法則が生み出す予測不能で複雑な振る舞いを意味しますが、その複雑さの源泉は実数すなわちアナログ状態が持つ数学的複雑さにあります。この実数が持つ複雑さがカオスの法則に従って次々に読み出されるのがカオスの本質です。※10 したがって、カオスの厳密な記述のためには、実数すなわちデジタルで言えば、無限ビットの情報が必要となります。さらに、カオスには、可算無限（1、2、3、……と数えていくことのできる無限）の周期解（一定周期で同じ振る舞いを繰り返す解）と非可算無限（1、2、3、……と数えることができない程大きな無限）の非周期解が付随していることが、T・Y・リーとJ・A・ヨークらによって示されています。※10、11

その上、実際の神経膜ではさまざまなノイズが存在するため、このノイズ付きのアナログ量によってニューロンのカオスが生み出されています。このような状況のデジタル的記述は

極めて困難であると思われます。ちなみに、ニューラルネットワークや脳におけるカオス的現象の可能な役割に関しては、たとえば津田一郎（中部大学）や筆者らによって詳しく議論されています。[※11、12] さらには、イオンチャネルなどで量子力学的効果が利用されている可能性も指摘されていて、これらの脳における数学的・物理的意味での原理的な複雑さの知見も蓄積されてきています。

脳はチューリング機械を超えるか？

人工知能は基本的にデジタルコンピュータ上に構築されるので、シンギュラリティに関わる「人工知能は脳の知能を超えるか？」という問題は、根源的には「脳は、デジタルコンピュータ、そしてその原理を与えるチューリング機械を超える能力を持つのか？」という問題を問うことになります。

このようなスーパーチューリング機械に関しては、以前から議論がなされていますが、R・ペンローズの考察が有名です。[※13,14] ゲーデルの不完全性定理にもかかわる問題です。[※15,16] 無矛盾な形式的体系には、証明も反証もできない決定不能な命題が存在し、無矛盾性の言明自体もそのような決定不能命題の1つであることを、ゲーデルは証明しました。これをチューリング機械の文脈で述べたのが、チューリング機械の停止問題で、チューリングは、チューリング機械が計算を終えて停止するのか否かを決定するアルゴリズム（チューリング機械）は存在しない、つまり決定不能命題の例であることを示しました。すなわち、この停止問題は、チューリング機械であるデジタルコンピュータには解けないというわけです。

しかしながら、ゲーデルやチューリングは、そのような無矛盾な形式的体系における決定不能命題の存在自体を証明することができました。チューリング機械で言えば、停止問題を判定するアルゴリズムの非存在を証明することができました。この証明は、チューリング機械の能力を超えているのではないか？　すなわち、チューリング機械ではできないが脳にはできることが存在するのではないのか？　そして、このような数学的真理の発見、そしてそれを見抜く意識は非アルゴリズム的ではないのか？　というのが、ペンローズの主張[※13]で、ここでの議論のポイントとなります。この言明が正しければ、デジタルコンピュータは脳に追いつけないので、シンギュラリティは起きないことになるからです。

ただし、このような不完全性定理に基づくヒト脳とチューリング機械の能力の比較論がしばしば不完全性定理の誤用に基づくことが逆に指摘されていて[※15、16]、この方向の議論でシンギュラリティを簡単に否定するのは難しいように感じます。

脳と心

脳の情報処理解明の難しさはすでに述べましたが、それでも解明に向けて地道な努力が着実に続けられています。これまでの膨大な研究で、記憶（たとえば人間特有の連想記憶）、組み合わせ最適化（膨大な組み合わせの中から、まあまあの解をまあまあの時間で見出す能力）、さらには視覚パターン認識などに関して、脳を理解する上でもその応用を考える上でも大きな成果が得られています。たとえば、福島邦彦が提案した視覚認識ニューラルネットワークである「ネオコグニトロン」がディープラーニングの先駆けになったことは、よく知られています。

そして現在、より高度な脳機能の数学モデル化が、今後の重要な研究課題となってきています。シンギュラリティの問題とも関係しますが、最終的には意識のニューラルネットワークモデルや脳と心の問題を考えることになります。

特に意識に関しては、最近たいへん活発に議論されています。筆者は、**図10**に示すように、意識という難しい問題に関しては多面的アプローチが不可欠だと考えています。すなわち、以下のように、意識が無いと思われる状態から意識が在ると思われる状態への変化や分岐過程を、丁寧に追うことが肝要だと思います。

(1) 単細胞生物から多細胞生物へ、そして多細胞生物においてニューロン数の増加やネット

図10　意識への多面的アプローチ

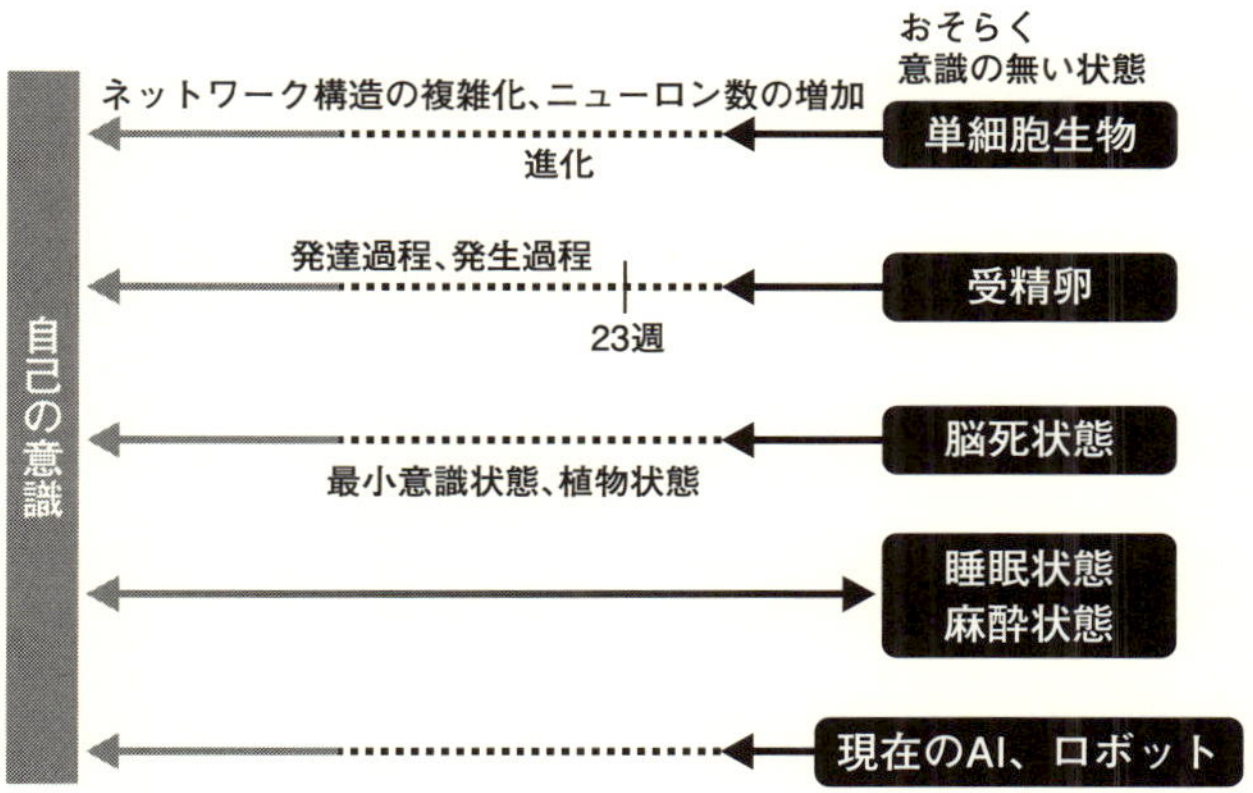

ワーク構造の複雑化によってヒト脳へと至る進化過程を経て、どのように意識が生まれたか？

(2) 受精卵から発生過程、さらには生後の発達過程を経て、どのように人間の意識が生まれるのか？

(3) 脳死状態と正常な意識が在る健常脳の違い、さらにその間にあると思われる植物状態や最小意識状態を意識の観点からどう理解するか？

(4) 毎日経験する意識が無い睡眠状態から意識の在る目覚めた状態への変化、さらには麻酔状態から通常の意識の在る状態にどのように変化するのか？

これらの問題を多面的に考えることにより、意識が創発するメカニズムの一端が見えて来るのではないかと期待しています。そのメカニズムが分かれば、人工知能やロボットが意識を持てるかどうかという問題に本格的に迫ることができるはずです。

脳の選択的注意機構

ただし、意識、さらにはその先にある心の理解は、極めて困難な研究課題であることは間違いありません。そこでその前に考えるべき重要なテーマとして、現時点で脳科学的にもある程度深い実験的・理論的研究が可能で、ロボットや自動運転などへの応用上のインパクトも大きい、脳の選択的注意機構の解明が挙げられます。脳にはこの選択的注意機能があるた

図11　選択的注意のモデル

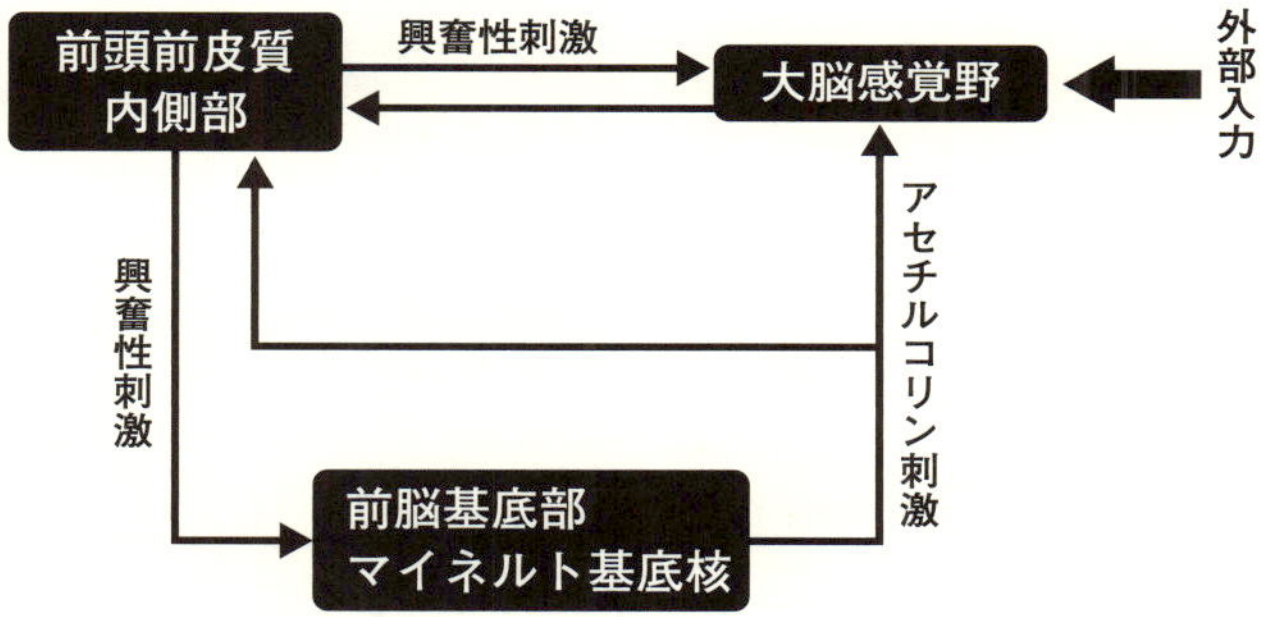

め、複雑な動的環境の中で、状況に応じて変化していく適切な対象をうまく選択してそれに注意を向けて、さまざまな問題を次々とリアルタイムで解決することができるのだと思われます。

選択的注意を生み出す脳内の信号の流れのモデル化に関しては、**図11**に示すように、かなり理解が進んでいます。前頭前野内側部からの2つの経路、すなわち大脳皮質の他の部位への下向性の興奮刺激経路と前脳基底部・マイネルト基底核を介した大脳皮質へのアセチルコリン刺激の経路です。さらに、大脳皮質固有の6層構造ネットワークは、上下に次々と結合して階層構造を構築しますが（**図12**）、選択的注意も含めて大脳皮質の高

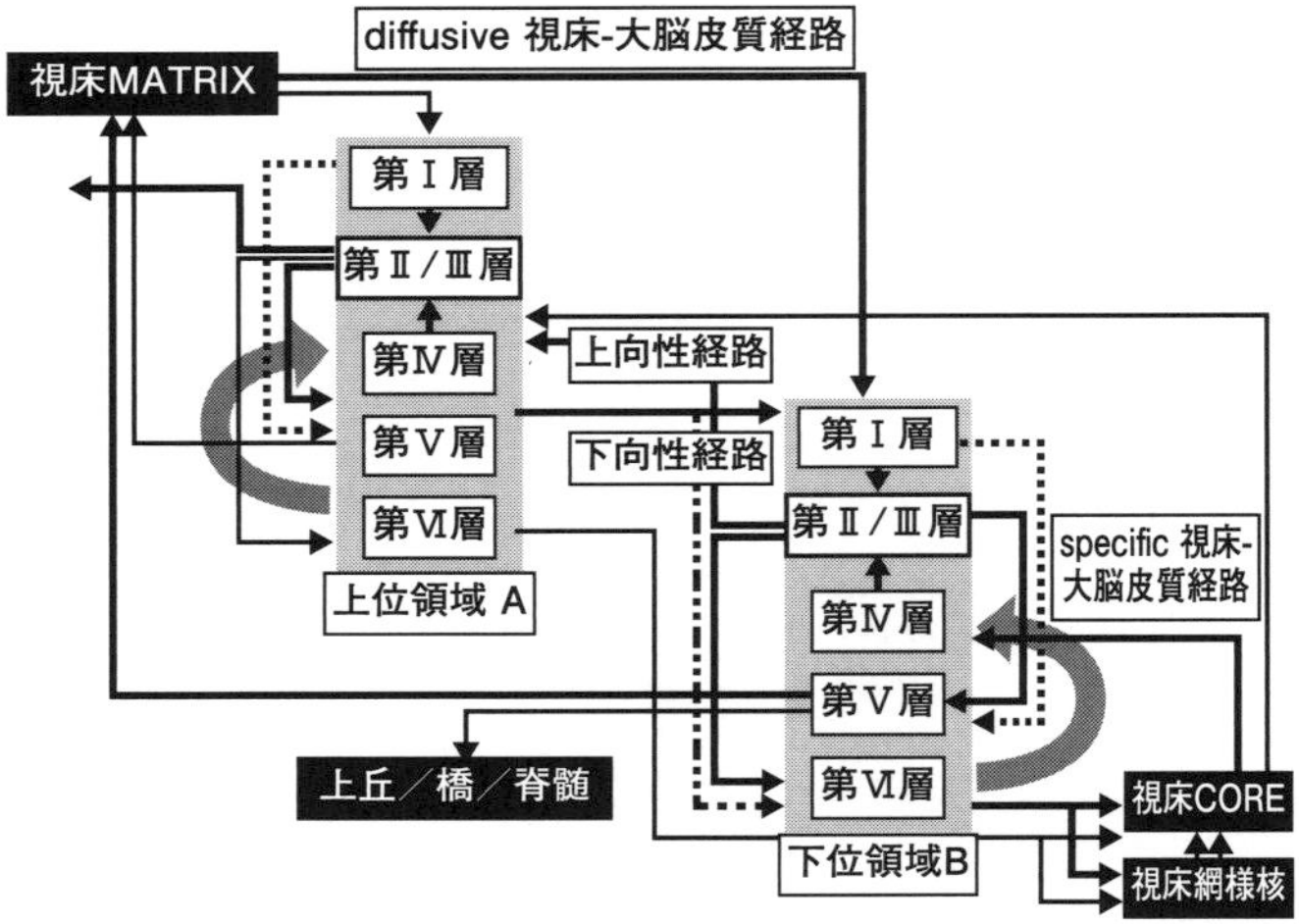

図12　脳の感覚野の階層的6層構造（藤井宏と筆者らによる）

次機能を解明するためには、この階層的6層構造の数学モデル構築が肝であり、最先端の研究課題となってきています。[※17] 特に大脳皮質の6層構造は、視覚や聴覚や触覚といった異なる感覚に関しても同様な構造で情報処理が行われているので、汎用の人工知能を目指す上で基盤となるものです。また、最近のセンサーやIoTの進歩によって、今や人間や生物の感覚を超えたさまざまな情報が計測できるので、これらを処理できる新しい「大脳皮質」型人工知能は応用上大きな期待を集めています。

実装技術の進展

現在、ディープラーニングを高速に実行するGPUやFPGAなどのデジタル回路の製作が活発に行われ、広く応用されようとしています。この方向の進展も今後さらに期待されていますが、本章では、これらの方向とは全く異なる脳型ハードウェア技術の開発を紹介しておきたいと思います。

その重要な背景となっているのは、人工知能と脳の電力消費量の差です。人間の脳は約1000億個のニューロンからできていますが、その脳がなんと約20Wという極めて低い電力で働いています。1000億個の実際に近い複雑な人工ニューロンからなるニューラルネットワークを、たとえばスーパーコンピュータを使ってシミュレーションしてみることはおそらく可能ですが、その場合1つの町くらいの電力が必要となってしまうことになります。

この事実は、見方を変えると、脳のニューロンに学んで、たいへん低い消費電力で動作する、高度な機能を持つ人工ニューロン素子が開発され得る可能性を示唆しています。このような脳のニューロンに近い動作をするハードウェアを、ニューロモルフィックハードウェアと呼びます。この分野は、最近の日本においては人工知能研究からも脳科学研究からも見逃されていますが、最初のニューロモルフィックハードウェアは、我が国の南雲仁一らが１９６０年代に世界に先駆けて開拓したものであり、さらに松本元先生らが１９９０年代に世界をリードする成果を上げました。※18 しかしながら、たいへん残念なことに、松本先生の早逝によって研究が衰退したという歴史的経緯があります。

ただしこの伝統は現在にも受け継がれていて、たとえば東大生産技術研究所の河野崇准教授と筆者らによって、３ｎＷで動く超低消費電力の人工ニューロン・アナログ電子回路が設計されています。これは、ヒト脳に対応する１０００億ニューロン換算でも３００Ｗと電球わずか数個分です。詳細は河野崇の章をご参照下さい。このようなニューロモルフィックハードウェアを基礎にして、より脳に近い人工知能の実現を目指すブレインモルフィックＡＩの研究が東大とＮＥＣの協力で作られた東大の社会連携研究部門で現在進行中です。

電子回路上に実装された単純な人工ニューロンやトランジスタを脳の神経細胞と同一視し

てその集積数を比較する論説をしばしば耳にしますが、これには注意が必要です。脳のニューロンは、人工ニューロンやトランジスタよりもはるかに高機能でノイズだらけな存在だからです。ちなみに松本先生は、1個の生物ニューロンを1つのマイクロコンピュータにたとえられていました。

昆虫と同じニューロン数を実装したと喧伝された、有名なＩＢＭのTrueNorthというニューロチップは、前述のように1907年にその原型が提案されたリーキー積分発火型ニューロンモデルを実装したもので、マカロック・ピッツの形式ニューロンモデルよりは実際のニューロンに近いのですが、それでも脳のニューロンとは比較にならない程単純なものです。また、ノイズだらけの状況で動作するニューロンの不思議さは、歴史的には現在のプログラム内蔵型コンピュータ方式の生みの親であるＪ・フォンノイマンの興味を大いに引いた問題でもありました。

より複雑なニューロンモデルに関しては、堀尾喜彦（東北大学）と筆者らによってカオス的応答を示すニューロンから構築されたカオスニューロ集積回路が実装されています

図13　カオスニューロ集積回路（堀尾喜彦らによる）[19]

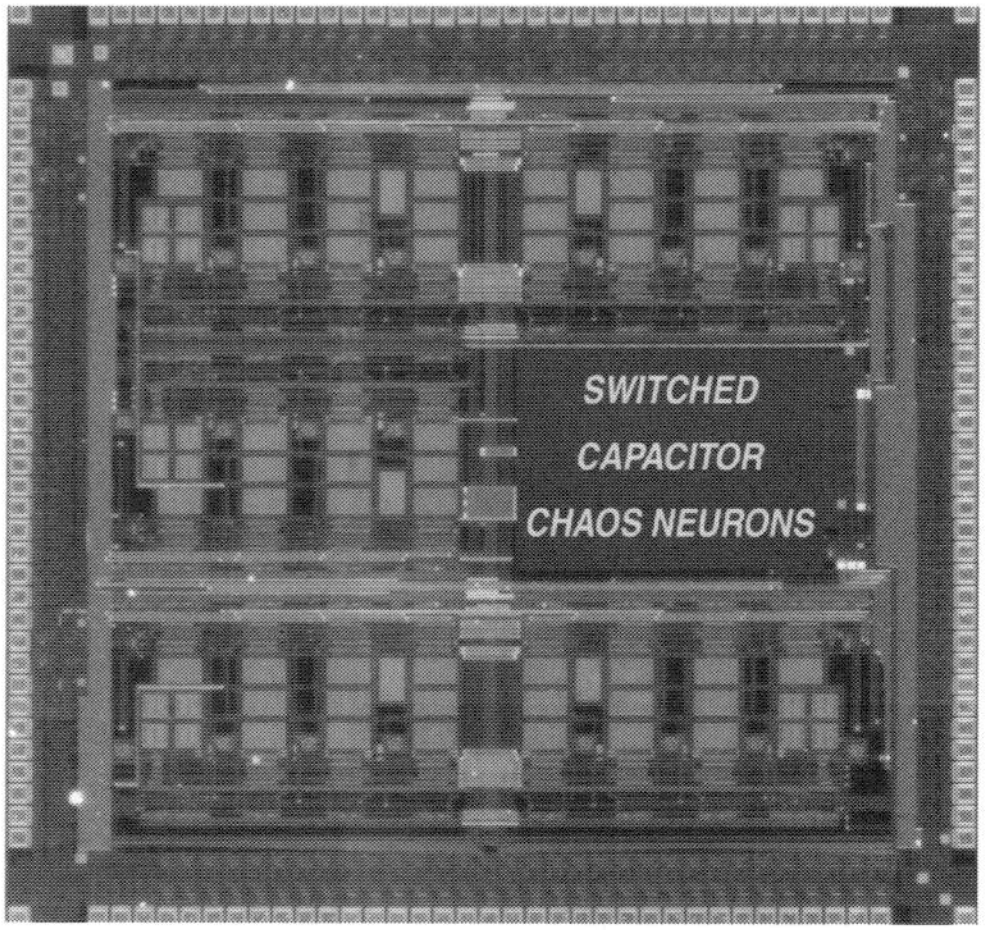

（図13）[19]。これは、筆者らがヤリイカ巨大軸索から発見したカオスを数学モデル化したカオスニューロンモデル（図14）を結合してネットワークにしたカオスニューラルネットワークをベースにしたもので、[11,20]現在ディープニューラルネットワークへの応用も研究されています。

さらには内閣府のＩｍＰＡＣＴプロジェクトでは、山本喜久（ＪＳＴ、スタンフォード大学）を中心にして、武居弘樹、稲垣卓弘（ＮＴＴ物性科学基礎研究所）、宇都宮聖子、針原佳貴や筆者らのグループによって量子ニューラルネットワーク（コヒーレントイジ

図14　カオスニューロンモデル[※11、20]

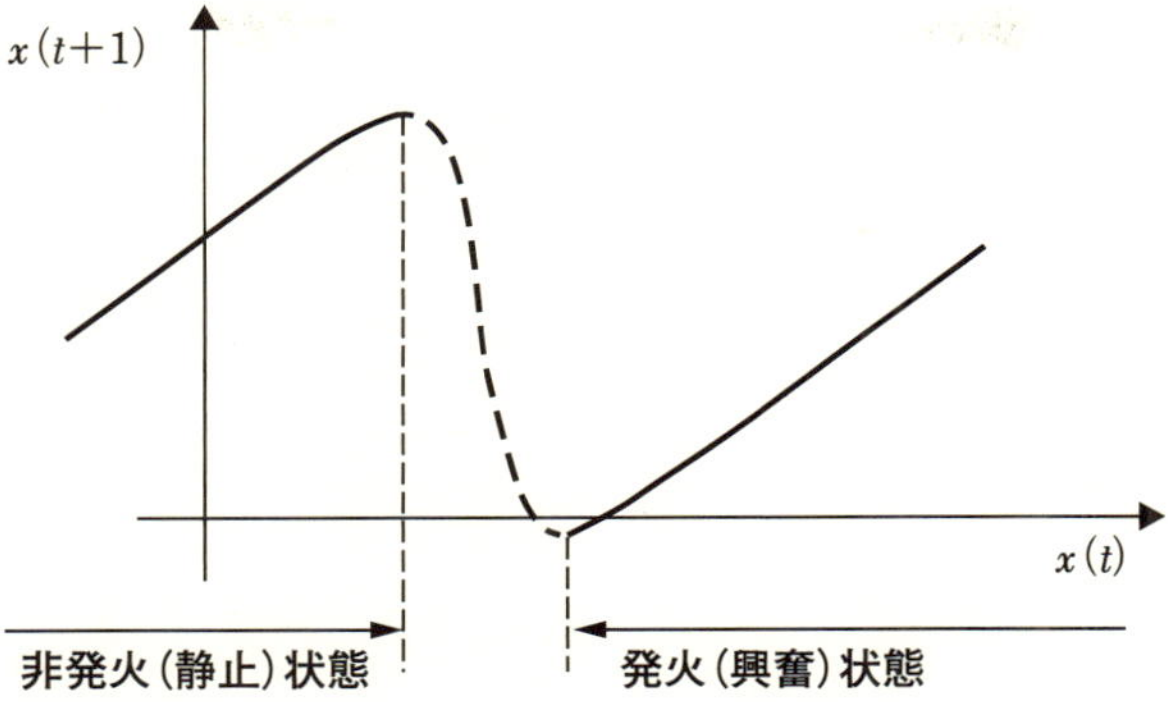

ングマシン）が開発されています（図15）。これは、光技術を使って量子計算とニューロ計算を本格的に融合する世界初の試みです。すでにＮＴＴ[※21]とスタンフォード大学[※22]で各々実機が試作されて、今後のさらなる発展が期待されています。

　個人的には、カオスや量子力学のようにそれ自体デジタルコンピュータで計算困難な数学的・物理現象に基づくニューロンモデルから成るカオスニューラルネットワークや量子ニューラルネットワークを用いた人工知能システムに、大きな将来性を感じて研究しています。

図15　量子ニューラルネットワーク（コヒーレントイジングマシン）のシステム構成図（針原佳貴作成）

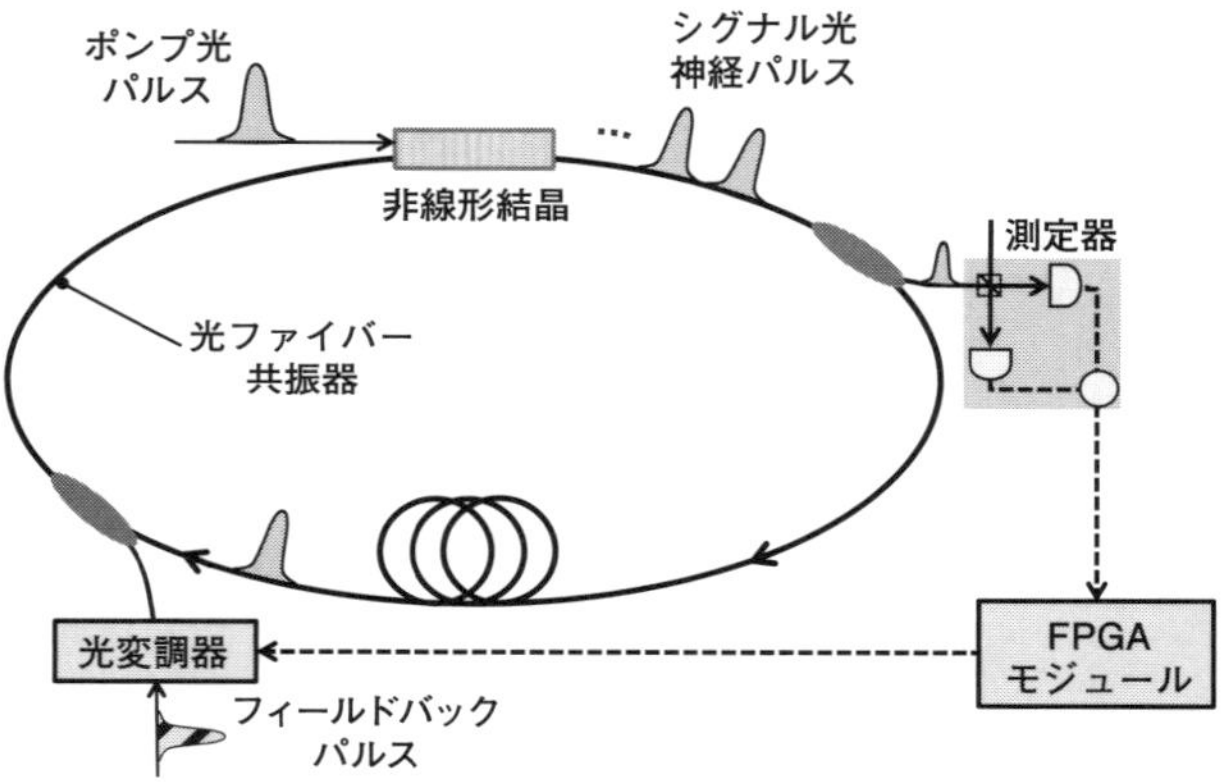

人工知能と産業

シンギュラリティと並んで人々を不安にさせているのが、人工知能が人間の職を奪うのではないかという問題です。この種の問題は技術の進歩には付き物で、産業革命初期のラッダイト運動（機械破壊運動）等々いろいろな先例を見ることができます。しかし歴史が同じく示しているように、新しい革新的技術は多くの職を奪う一方で、それ以上の新しい職を生み出すのが常です。

特に我が国では現在、労働者人口の高齢化と絶対数の不足が大きな社会問題となりつつあるので、この意味でも人工知能への期待には大きいものがあります。人工知能の進歩により、減少しつつある熟練技術者の技能の継承や代替が実現される可能性が高いからです。この熟練技術の問題に関しては、第2次人工知能ブームの際にもエキスパートシステムとして期待されましたが、暗黙知のルール化等の難しさがあって実用化されませんでした。この面では、パターン認識能力に優れたディープラーニングはたいへん有望です。

実際には、人工知能に可能なことはどんどん人工知能に任せればよいし、その恩恵はとても大きいと期待されます。たとえば、筆者が専門とする脳科学や生命科学の分野では、日々夥しい数の論文が出版され続けて、主要論文だけに限っても、個人ですべてを読むことはとうの昔に不可能となってしまっています。このような状況下で、人工知能によってこれらの膨大な論文のレビューが可能となって、個々の研究者にテーラーメードに必要な情報が取り出せるようになれば、その恩恵には計りしれないものがあります。各研究者の研究能力は格段に進展するはずです。

ちなみに、筆者の実家の家業は、発電所、工場やビルなどの電気設備の企画・設計・施工・メンテナンスを行う電気設備業で、祖父が創業したものです。そのため長男である筆者は、その責任上大学では将来家業を後継するために電気工学を専攻しました。残念ながらいまだにその責任は果たせていないのですが、電気設備の基礎知識はしっかり学んであるし家業なので仕事の内容には馴染みもあるので、人工知能の電気設備業への応用なら、次々とアイデアが溢れ出てきます。したがって、将来別の形で責任を果たせそうな気がしてきています。この実感を敷衍すれば、たぶんどの産業も同じで、各産業の特徴と人工知能の知識の両方を組み合わせることによって、さまざまな人工知能応用技術が次々に生み出されるものと期待されるのです。そして、このような人工知能応用技術をうまく活用することによって、個々の産業がまったく異質な進歩を遂げることが現実のものになろうとしています。

特にＩｏＴやビッグデータの進歩と人工知能の進歩がうまく同期しているので、さまざまな計測ビッグデータと人工知能を組み合わせた高度な情報処理は、ほとんどすべての産業の発展に大きく貢献するものと思われます。

ただし、前述したようにここで注意すべきことは、確かにディープラーニングは画像や音声などのパターン認識で大きな成果を上げていますが、すべてを安直にディープラーニングに頼らないことです。どんな技術にも長所と短所があります。そこを考えずに、闇雲に単一技術に頼ろうとするとコネクショニズムの時代の二の舞になってしまう可能性が高いのです。実際あの時代、すべての処理をニューラルネットワークで行おうとして、結局ニューラルネットワークに適していない領域まで踏み込んで失敗してしまいました。

あまり知られていませんが、ディープラーニング以外にも大きく進展している最新技術はいろいろとあります。

1つは、複雑なダイナミズムを解析するための非線形時系列解析技術です。多くの複雑データは、時間的に変動する時間波形、すなわち時系列データとして観測されます。たとえば、変化する気象に伴う日照量や風況の変動、株価などの経済時系列が典型例です。このような複雑な時系列ビッグデータの解析技術は、過去数十年のカオス理論の進展を背景として大きく進歩していて[※11、23]、予測をはじめとして多様な応用が可能となっています。

もう1つの大きな進歩は、少数サンプルのみに基づくデータ解析技術です。これは、学習に大量のデータを必要とするディープラーニングを補い得るものです。ビッグデータがあれば、たとえば犬と猫を区別するディープニューラルネットワークを作ることは、それほど難しくありません。他方で、幼児は身近にある少ない例からワンワンとニャーニャーを区別できるようになります。つまり、脳は、その学習にビッグデータを必要としないように見えます。したがって、そこにはディープラーニングとは異なる学習が使われている可能性が高いと予想されます。

もちろん、最初に述べたように脳が実際に行っている学習法則の解明は今後に残された重要な研究課題なのですが、非線形データ解析理論や機械学習理論に基づいて、少数のサンプルデータのみを用いて情報を処理するシステムを構築することは現在の技術でも可能です。特にテーラーメードの医療応用では、個々の患者一人ひとりの1サンプルデータから判断することが求められるため、このような解析技術が大きく進展してきています。[※24]

人工知能の将来に向けて

人工知能のさまざまな技術が進展すれば、それらの諸技術をうまく使いこなすことにより、人間の情報処理能力は大きく広がるはずです。その時に重要となるのが、人間の脳と人工知能間の協力です。

脳にも人工知能にも、各々の長所と短所があります。したがって、脳と人工知能の各々の長所をうまく組み合わせてより大きな効果を生み出し、また各々の短所を補い合うためのシステム設計と構築が極めて重要な課題となります。これは数学的には、いかにポジティブな非線形効果を発揮するかという問題になります。

人工知能のインパクトをより強く社会に印象付けたのは、グーグルのアルファ碁の圧倒的強さでした。世界最高峰のプロ棋士にも圧勝して、研究として一段落ついたようにも見えますし、開発者のＤ・ハサビスも２０１７年5月に中国で行われたFuture of Go Summitがアルファ碁の最後の対局だと述べているようです。

しかし、囲碁の人工知能研究で本当に面白いのは、ここからのようにも思われます。実はそのために極めて適した囲碁の方式があるのです。ぐるなびの滝久雄《たきひさお》会長によって発案された、ペア碁です。※25 これは、男女のペア同士が、1つの共通の碁盤を用いて黒石の女性、白石の女性、黒石の男性、白石の男性の順で交互に打つという試合方式です。味方同士のペア内でも相談することは許されない点が、特に面白い発想です。碁盤上の局面のみから、試合相手ペアの意図を読むのみならず、味方のパートナーともコミュニケーションしなければならないのです。実にうまく設計されたゲームだと思います。

人工知能の今後の発展と活用に向けて、人間と人工知能が協調作業するためにいかにうまくコミュニケーションをとるか？　という問題が、重要な研究課題として現在顕在化しつつあります。単独ではとても強い囲碁人工知能が存在する現在、人間と人工知能がペアを組んでペア碁を打つことにより、この人間と人工知能間のコミュニケーションの問題を考える上での貴重な基礎研究を行うことができるように思われます。ペア碁は、その研究のための恰好のプラットフォームに成り得るのです。

このような人間と人工知能の協力による知能の非線形的拡張により、さまざまな仕事において、人間単独の能力を大きく凌駕することが可能になるはずです。そして、このことにより、人工知能の能力の強化のみならずそれを使いこなす人間の技能も大きく向上して、科学と技術の双方に今後革新的イノベーションが生み出されるに違いありません。30年経って、**図1**の本の帯の内容がやっと実現しつつあります。そういうとても面白い時代を目撃できて、たいへん幸運だと感じています。

参考文献

1　合原一幸『ニューラルコンピュータ――脳と神経に学ぶ』東京電機大学出版局、1988
2　甘利俊一『脳・心・人工知能――数理で脳を解き明かす』講談社、2016
3　レイ・カーツワイル『ポスト・ヒューマン誕生――コンピュータが人類の知性を超えるとき』（井上 健 監訳、小野木明恵・野中香方子・福田 実 共訳）NHK出版、2007
4　ジェイムズ・バラット『人工知能――人類最悪にして最後の発明』（水谷 淳 翻訳）ダイヤモンド社、2015
5　西垣通『ビッグデータと人工知能――可能性と罠を見極める』中公新書、2016
6　吉成真由美（インタビュー・編）『人類の未来――AI、経済、民主主義』NHK出版新書513、2017
7　マルサス『人口論』（斉藤 悦則 翻訳）光文社、2011

8 松本元『神経興奮の現象と実体〈上〉』丸善、1981
9 太田光、田中裕二、合原一幸『爆笑問題のニッポンの教養 脳を創る男 カオス工学』爆笑問題のニッポンの教養27、講談社、2008
10 山口昌哉『カオスとフラクタル』筑摩書房、2010
11 合原一幸『カオス学入門』放送大学教育振興会、2001
12 津田一郎『複雑系脳理論——「動的脳観」による脳の理解』SGCライブラリ13、臨時別冊・数理科学、サイエンス社、2002
13 ロジャー・ペンローズ『皇帝の新しい心——コンピュータ・心・物理法則』(林 一 翻訳) みすず書房、1994
14 ジョージ・ザルカダキス『AIは「心」を持てるのか——脳に近いアーキテクチャ』(長尾高弘 翻訳) 日経BP社、2015
15 飯田 隆「第II部 ゲーデルと哲学——不完全性・分析性・機械論」、『ゲーデルと20世紀の論理学1 ——ゲーデルの20世紀』(田中一之 編)、pp.111-169、2006
16 照井一成『コンピュータは数学者になれるのか?——数学基礎論から証明とプログラムの理論』青土社、2015
17 ジェフ・ホーキンス、サンドラ・ブレイクスリー『考える脳 考えるコンピューター』(伊藤 文英 翻訳) ランダムハウス講談社、2005
18 松本 元『愛は脳を活性化する』岩波科学ライブラリー42、岩波書店、1996
19 合原一幸 編著『脳はここまで解明された——内なる宇宙の神秘に挑む』ウェッジ、2004
20 合原一幸 編著『暮らしを変える驚きの数理工学』ウェッジ、2015
21 T. Inagaki, Y. Haribara, K. Igarashi, T. Sonobe, S. Tamate, T. Honjo, A. Marandi, P.L. McMahon, T. Umeki, K. Enbutsu, O. Tadanaga, H. Takenouchi, K. Aihara, K. Kawarabayashi, K. Inoue, S. Utsunomiya, and H. Takesue: "A Coherent Ising Machine for 2000-node Optimization Problems," Science, Vol.354,

No.6312, pp.603-606 (2016).

22 P.L. McMahon, A. Marandi, Y. Haribara, R. Hamerly, C. Langrock, S. Tamate, T. Inagaki, H. Takesue, S. Utsunomiya, K. Aihara, R.L. Byer, M.M. Fejer, H. Mabuchi, and Y. Yamamoto: "A Fully-programmable 100-spin Coherent Ising Machine with All-to-all Connections," Science, Vol.354, No.6312, pp.614-617 (2016).

23 合原一幸 編『カオス時系列解析の基礎と応用』産業図書、２０００

24 R. Liu, X. Yu, X. Liu, D. Xu, K. Aihara, and L. Chen: "Identifying Critical Transitions of Complex Diseases based on a Single Sample," Bioinformatics, Vol.30, No.11, 1579-1586 (2014).

25 『ペア碁25年のあゆみ』公益財団法人日本ペア碁協会ペア碁25周年記念事業委員会、２０１４

第2章

身近なところで使われる機械学習

牧野貴樹
(Google Inc.)

近年、将棋や囲碁、自動運転など、ニュースなどで人工知能について触れられることが非常に多くなってきたと感じているかもしれません。実際に、人工知能の基盤になる機械学習技術は、身の回りの多くのところに活用されるようになってきています。しかし、人工知能という言葉の曖昧さがもとになって、そこには同時にさまざまな誤解も生じています。

従来、コンピュータは、ルールやプログラムで表せないような問題を解くことを苦手としていました。人間にとっては簡単なことであっても、ルールで書けないようなことはたくさんあります。たとえば、ある顔写真が笑顔かどうか、人間にはすぐわかりますが、どのような顔が笑顔なのかを説明しなさいと言われると、とたんに難しくなります。コンピュータに扱えるルールは、言ってみれば定規と分度器で表現できるようなものですが、たとえそんなもので笑顔を判定するルールを作ったとしても、多種多様な顔に対して正しく動くとは到底思えません。

機械学習とは、そのような「ルールでの記述が難しい問題」に対して、コンピュータ自体にルールを発見させようとする手法のことです。単純には、たくさんの顔写真を用意して、その1枚1枚に対して「その写真が笑顔か、笑顔ではないか」という、解きたい問題の正解を付与しておきます。そして、コンピュータに、「このデータから、できるだけ多く正解できるようなルールを探す」という計算を行わせます（この計算を「学習」と呼びます）。うまく学習ができれば、最初に用意していなかったような顔写真に対しても、笑顔かどうかを判定できるルールが見つかっているはずです。

最近、こうして得られたルールを組み込んだ製品が、私たちの身の回りにも増えてきました。たとえば、最近のデジタルカメラには笑顔になると自動的にシャッターを切る機能を備えたものもありますが、その笑顔の判定には、機械学習技術に基づく判定ルールが使用されています。従来、人間にしか判断できなかったことができる機械という意味で、人工知能という言葉を用いるなら、このデジタルカメラには人工知能の技術が使われている、と言うことができます。

しかし、カメラに組み込まれたルールは、出荷後にどのような写真を撮影しても、書き換わることはありません。鉄腕アトムやドラえもんのような、言葉をやりとりしたり、自律的に環境に適応するようなものが、カメラに入っているわけではありません。

本章では、身近なものに使われている人工知能技術を通して、それらがどのように実現されているかを紹介していきます。

身近にある機械学習

まずは、このような機械学習技術が、どのようなところで使われているか、色々な例を見てみましょう。

携帯電話のメールボックスに届く種々多様なメールには、重要なメールと、未承諾で送られてくるような迷惑メールが混ざっています。最近のメールサービスでは、機械学習に基づいた自動分類技術を使うことで、これらを適切に振り分けています。

最近のスマートフォンでは、マイクに向かって話した言葉を文字に置き換える機能がありますが、この自動音声認識は、近年の機械学習技術の進歩により大幅に精度が向上しました。

最近、大きな駅などで、全面ディスプレイの自動販売機を見かけるようになってきました。この自動販売機にはカメラがついていて、自動販売機の前に立っている人を見分けておすすめを教えてくれます。ここでは、顔画像から性別や年齢を推定するために、機械学習技術を利用した推論が行われています。※1

インターネットのサイトでは、これまでの購買履歴などに基づいた、ユーザーに合わせたお勧めの商品や広告を目にすることが増えてきました。これも機械学習技術によるものです。

家では掃除ロボットが床をきれいにしてくれます。最近は、自動で部屋の地図を作って、効率よく掃除できる機能を備えたタイプが登場してきました。これも機械学習によるものです。

これらのタスクに共通することは、従来、コンピュータが得意としていた、あらかじめ与

※1　JR東日本ウォータービジネスのacure次世代型自動販売機にはオムロンの開発した顔認識モジュールが搭載されています。

えられたルールに基づいた判断では実現が難しいタスクであるということです。むしろ、これらの問題は、人手でルールを記述することが困難であるため、従来の方法ではコンピュータにプログラムすることができなかったような問題です。たとえば、迷惑メールの判定には、初期には多くの人手によるルールが用いられましたが、次々に登場する新手の迷惑メールに対して、適切に分類するルールを作ることは困難でした。しかし、機械学習を使うことで、このような種類の問題に対しても、ルールを自動的にコンピュータで獲得することができるようになったのです。

手書き文字認識

このルールを獲得するプロセスがどのように行われるかの具体例として、身近にあるもっとも古典的問題の1つである、文字の認識を考えましょう。これはある文字の画像が与えら

図1　様々な手書き文字の例

れた時に、その画像がどの文字であるかを判定する、というものです。人間はこの作業をやすやすと実行しますが（今この本を読んでいるあなたがしているように）、コンピュータにとっては非常に難しい作業です。

認識する文字の種類は、問題によってさまざまですが、最も簡単な場合として、数字の認識を考えましょう。すなわち、0〜9の十種類のどれかの数字の画像が与えられた時に、その画像がどの文字であるかを判定する、という問題です。コンピュータにとっては、これは、与えられた文字の画像を、0~9の十種類のどれかに分類する、という典型的な分類問題になります。

数字だけの分類と聞くと、使い道がないように思うかも知れませんが、そんなことはありません。たとえば、郵便局では、毎日何百万通もの手紙を、書かれた郵便番号に基づいて振り分けています。郵便番号がシールに印刷されたものや、手書きのものなど、郵便物には多くのバリエーションがあります。特に、手書きされた郵便番号を機械が正しく認識することができれば、業務を大幅に効率化することができます。数字の文字認識ができれば、とても役に立つのです。

かつては、人手によって作成して規則の組み合わせで文字認識を実現する研究も行われましたが、このような規則の組み合わせで高い精度を出すことは大変難しく、また開発に多くの時間とコストを要するものでした。

機械学習に基づく場合、規則はコンピュータが自ら学習して見つけます。とはいえ、何もないところから学習できるわけではありません。学習させるためには、「0とわかっている文字の例」「1とわかっている文字の例」……をたくさん用意する必要があります。これを訓練データと呼びます（正解データ、教師データとも）。コンピュータは、そのデータを使って、もっとも数字を精度よく判定できる規則を探索します。見つかった規則を利用することで、新しい手書き文字がどの数字であるかを判定できるようになります。

とはいえ、実際には、どのような「規則」がコンピュータによって学習されるのでしょうか。

実際には、次のような段階で学習が行われます。これは、文字認識だけではなく、すべての機械学習で共通です。

1．文字を構成するさまざまな特徴（素性《そせい》、Featureと呼ばれます）を抽出する処理を準備します。たとえば、文字の高さ、文字の幅、線の交差が何か所あるか、は特徴の1つとして利用できます。あるいは、線が領域を囲んでいるかどうか、は、あるかないかのどちらかですが、これも、あるならば1、ないならば0、という数値に置き換えて表現することができます。特徴はたくさんあるので、それらを表す数値を全て並べたものを「特徴ベクトル」と呼びます。

2．次に、文字から抽出された特徴ベクトルを、その文字の形（0か、1か、……）へと対応づける規則を作ります。このとき、直接文字の形を出力するのは難しいので、「0らしさ」を表す数値、「1らしさ」を表す数値、……「9らしさ」を表す数値、へと対応付ける、10個の関数を作って表現します。この関数が、コンピュータの上で規則を表現したものになります。

この時、関数の候補は多数ありますが、その中から、用意された訓練データに対してできるだけ多く正解できるような関数を、コンピュータを利用して探します。この関数を探す過程が、「学習」と呼ばれます。

3．学習して得られた関数を、数字画像分類器に組み込むことで、問題を解かせます。すなわち、与えられた実際のデータに対して、1．の処理で特徴ベクトルに変換し、2．で得られた関数を使って、「0らしさ」「1らしさ」……「9らしさ」を計算します。

図2　数字画像分類の機械学習

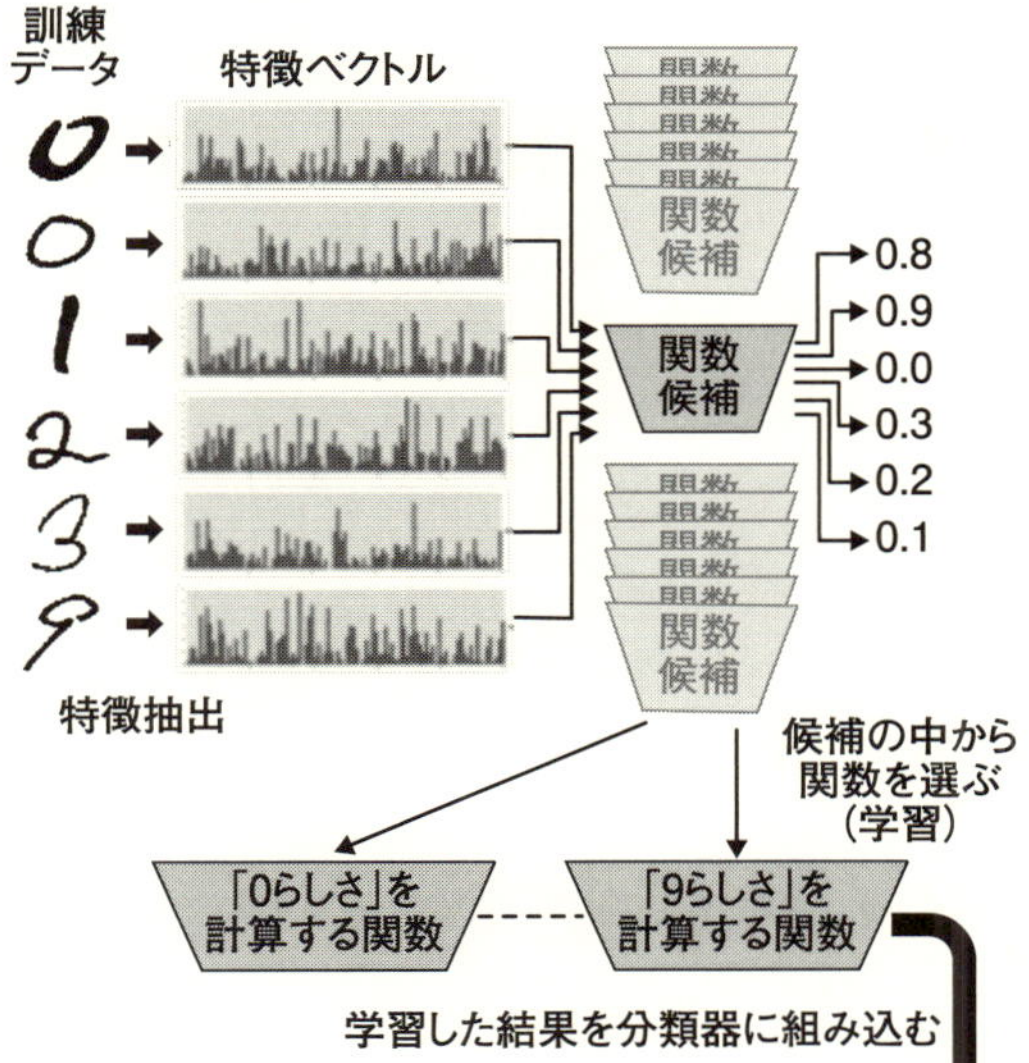

図3　機械学習を利用した数値画像分類器

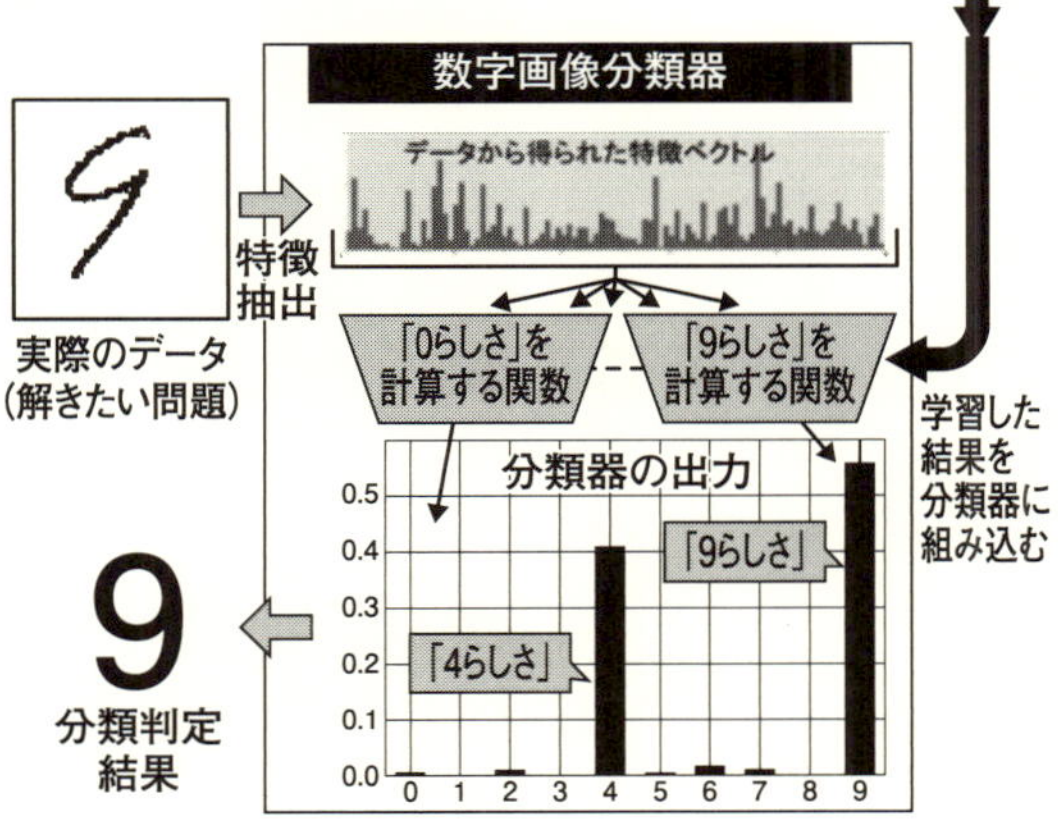

その結果を見て、もっともそれらしい文字であると判定します。

最終的な製品には、ほとんどの場合、学習した結果となるルールだけが格納されています。ですから、「使っていくうちに勝手に賢くなる」ということは、今のところはありません。ただし、新しい状況や、より多くのデータを元に、学習をやり直して、ルールを更新することはできます。スマートフォンなどのインターネットに接続している機械であれば、時々受け取る更新にこのような学習結果の更新データも含まれていることがあります。

ここでは数値文字認識を例に紹介しましたが、紹介した仕組みは、教師つき学習に基づくシステムであれば、音声認識にも、画像認識にも共通した基本原理です。

学習手法の例

さて、具体的に、「0らしさ」「1らしさ」……を表す関数はどう作っているのでしょうか。通常、可能な関数の形はほぼ無限といっていいほど多様で、手当たり次第に探していては良いものは見つかりません。

多くの機械学習の手法では、山登り法と呼ばれるパラメータ探索法が基礎となっています。たとえば、「0らしさ」の関数は、訓練データの〝0〟を表す特徴の近くでは大きく、他の数字を表す数字の近くでは小さくなるように徐々に変形させていきます。これを繰り返していくと、訓練データの〝0〟に対しては「0らしさ」が高く、0以外の数字では〝0らしさ〟が低い関数が出来上がります。この関数を変形させていく過程のことを、「学習」と呼んでいます。

もちろん、訓練データは、実際に判断しなければならない多種多様な文字のほんの一部でしかありません。学習した結果の関数は、訓練データに含まれている数字であればおおよそ正しく判定するようにすることができます。しかし機械学習では、訓練データに含まれないようなデータに対してもうまく判定できるような、関数の形が獲得されることを期待してい

図4　学習プロセス

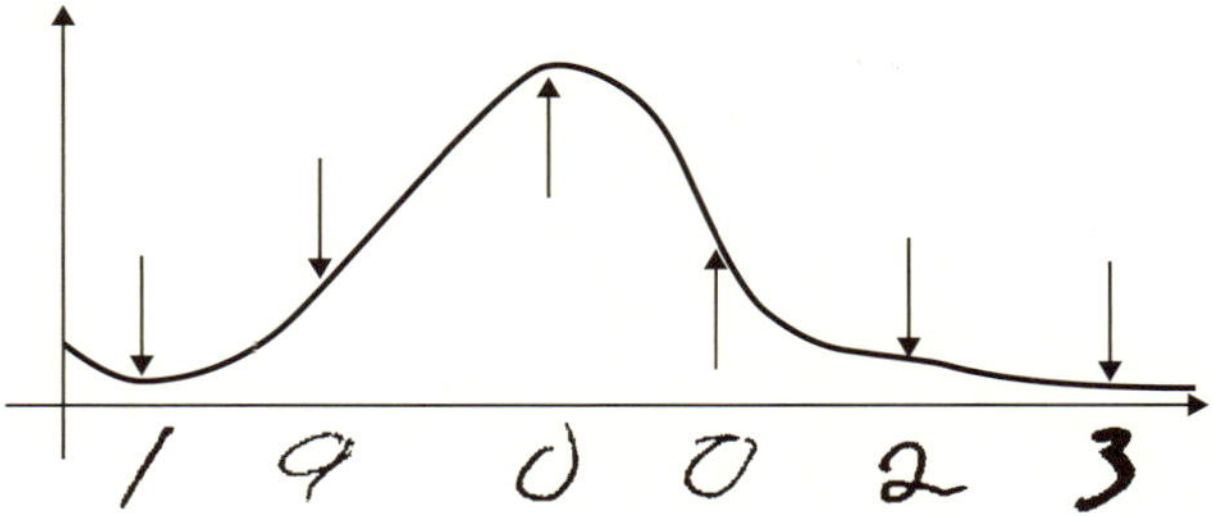

ます。獲得された関数が、訓練データと近い特徴を持っているなら、近い答えを出すようにすることで、ルールの一般化を実現しているのです。

計算機の上でこのようなことを実現するためには、数値の列で関数を表現し、その数値を変えていくことで関数を変えていきます。この関数を表す数値のことを、パラメータと呼びます。もっとも単純な方法では、特徴のそれぞれに対する係数と、定数項をパラメータとして使います。関数を計算するときには、1つ1つの特徴とその係数の積の総和を求めます。これは線形回帰と呼ばれる形式で、N個の特徴に対する関数をN＋1個のパラメータで表現できます。

「0らしさ」を表す関数で、ある特徴の係数が大きい数であれば、その特徴が「0らしさ」にとって重要であるということですし、逆に、負の数であれば、その特徴がないことがより「0らしさ」につながるということになります。もしも、係数が0に近ければ、その特徴の変化は、「0らしさ」を判定するためには不要な情報である、ということになります。

しかし、これでは、複雑な関数は表現できません。文字を形作るのは、いくつかの特徴の組み合わせですが、線形回帰では特徴の組み合わせを表現できません。より複雑な関数を表現できる、別の方法を探す必要があります。ニューラルネットワークは、機械学習の分野においては、非線形の回帰問題を解く手法の1つとして発展してきました。

しかし、注意しておきたいのは、より複雑な関数が表現できればできるほど良い学習方法と言えるわけではないことです。多数の変数で複雑な関数を作ろうとすると、過学習と呼ばれる状態に陥ります。これは、訓練データに対してだけは良い成績を示すが、実際のデータに対してうまく一般化できなくなる状態です。**図5**において、丸印は、点の線（サインカーブ）上の点に多少のノイズを乗せて仮想の観測データとしたものです。実線は、10個の丸印をすべて通る9次関数を「学習」したものです。この実線は、確かにすべての丸印の上を

図5　過学習

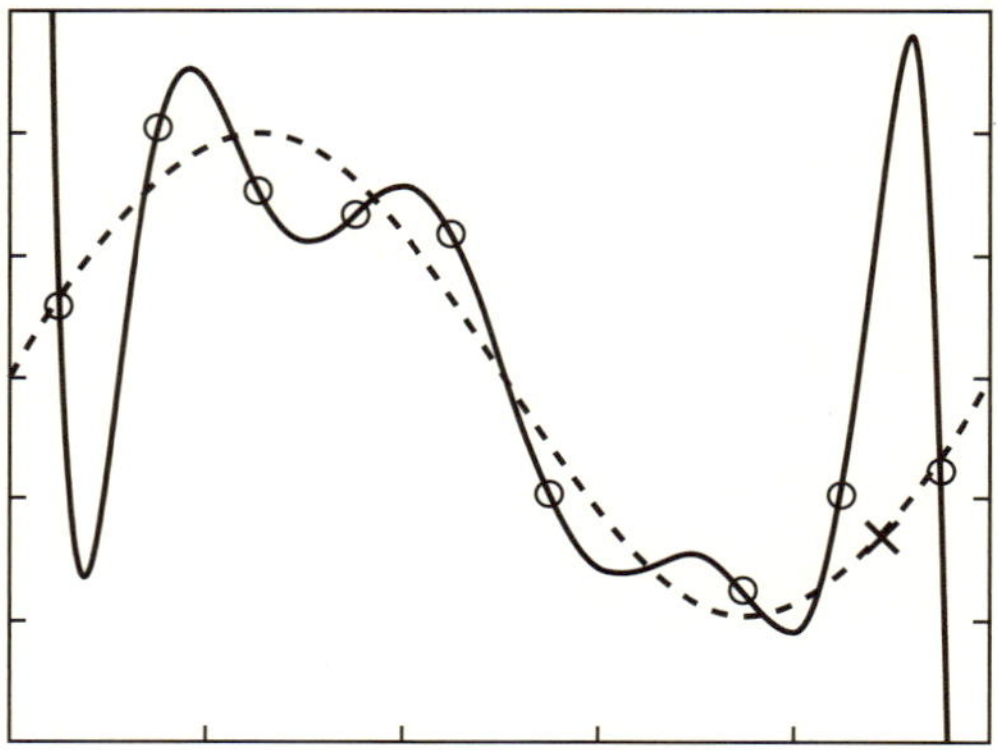

通っています（訓練データ上では誤差がゼロ）が、元のサインカーブとは似ても似つかないものになってしまっています。

このような状態を防ぎつつ、精度を高めるために、どう関数を表現し、その関数をどのようにして訓練データに対して答えを出せるようにしていくかが、正規化などのさまざまな機械学習の手法として研究されています。

また、複雑な関数が表現できる学習方法では、多くの場合、学習された関数を調べても、「何を学習したのか」を理解することは簡単ではありません。人間としては、コンピュータがこの過程で「何を学習したのか」

図6　正規化による過学習の回避。適切な正規化をかけたもの（・-・・-）は、訓練データに対する誤差はあるものの、元のサインカーブ（- -）に近い形になっている

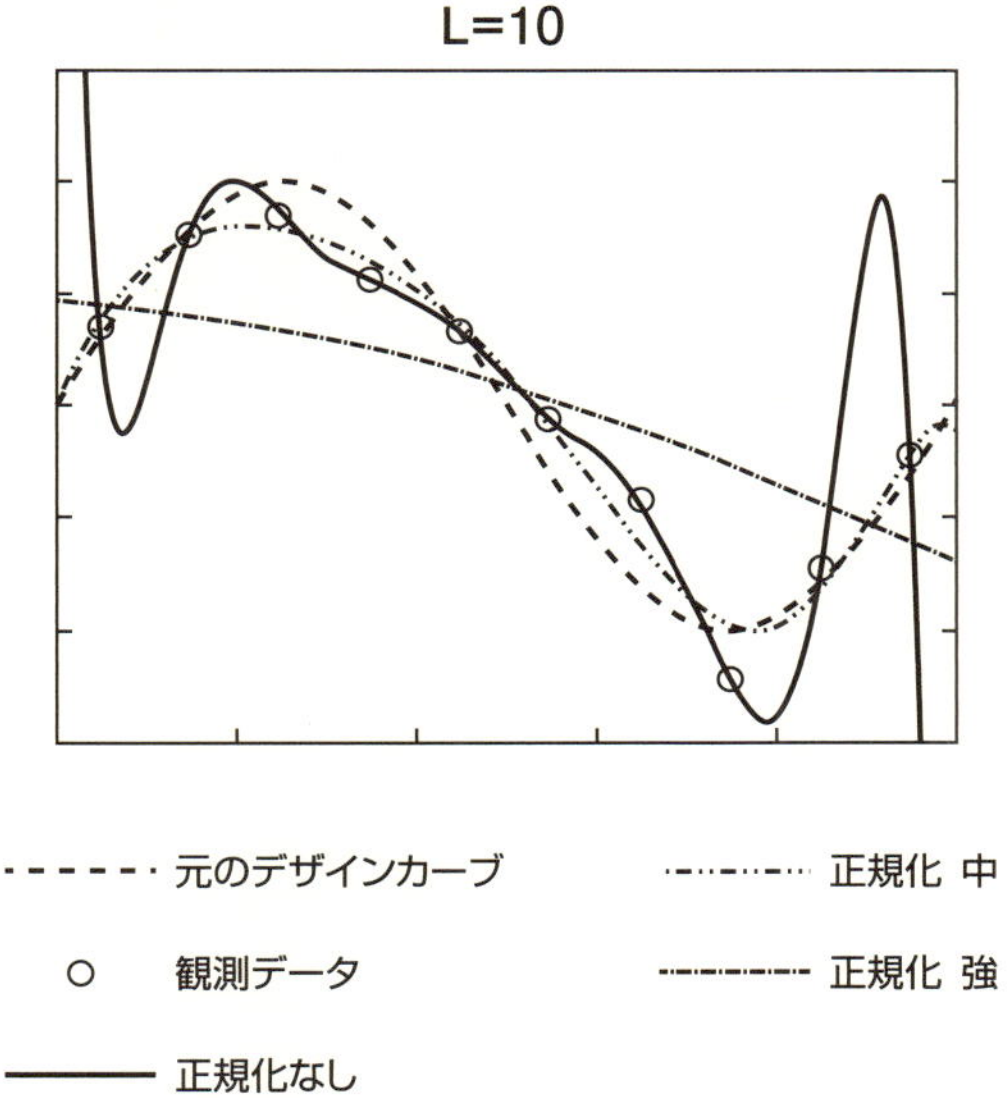

ということに興味が湧くところですが、実際には関数を形作るさまざまなパラメータは、何千、何万という特徴に関係しているので、たとえば、数字のどこを見て「1らしさ」を判定しているのか、といったことは、パラメータだけからでは理解できないのです。「このような形は1らしいと判定する」といったような実例を取り出すことで、部分的に推測できることもありますが、人間の思考とは異

なる形式（関数）で表現された知識を、人間の思考の言葉に翻訳することは困難です。

この「完全には理解できない」というところが、人工知能技術を応用する上で、キーになる部分でもあります。過学習の問題とも相まって、実際に業務に組み込んだ時に、思いもよらなかった点で誤認識する、というケースも少なくありません。しかし、それでも、うまく利用することで、他にない強力な味方となることも確かなのです。

機械学習に必要になるもの

この機械学習は、どんな場合でもうまくいくわけではありません。いくつかの条件が揃ってはじめて、実用的な機械学習を実現することができます。

1. 問題に合わせた適切な学習手法を用いること

2．問題設定（与えられる入力と求める出力）が明確であること
3．十分な質と量の「訓練データ」が用意されていること
4．十分な計算資源があること
5．特徴が対象を十分に反映していること

現在、ビッグデータが話題となっているのは、1．の学習手法が発展し、さまざまな場合に利用可能になってきたことが大きいです。しかし、どれだけよい学習手法を使っても、その他の条件が揃わなければ、良い結果にはつながりません。

意外に多いケースとして、2．の問題設定が明確になっていないことがあります。「既存のデータを活用する」とか「コストを削減する」といった漠然とした入力と出力では、そもそも解くことができません。「画像データを入力として、不良品かどうかを判定する」といった具体的な入出力を含めた問題設定があって、はじめて機械学習問題として解くことが考えられるようになります。

問題設定が明確化されたなら、それに合わせた訓練データを準備する必要があります。訓練データは、コンピュータが学習するための鍵となるものですから、不十分な訓練データを使っている限り、どんなに工夫しても、精度の高い学習を行うことはできません。特に、データの量が十分に多い必要があります。もしも、各数字の画像が10個ずつしかない場合、コンピュータがそこから規則を発見することは困難でしょう。問題の難しさや、利用する学習手法にもよりますが、手書き数字の認識であれば、各数字の画像が数千個ずつは必要です。

また、訓練データが十分に多様で、解きたい問題のデータの分布と一致している必要があります。単純に訓練データの数が多くても、すべて同じ人が書いた文字であれば、学習結果は、その人の文字に関するものになります。その人以外が書いた文字を認識する必要がある場合（たとえば郵便番号の認識）、この学習結果ではうまくいかないでしょう。また、数値の画像認識の研究でよく用いられているデータセットとしてMNISTデータをそのまま訓練データに使った場合には、日本の郵便物の郵便番号を読み取る精度には限界があると考えられます。アメリカで収集した文字のサンプルですので、同じアラビア数字でも書き方が違うからです。

逆に、訓練データの正解に多少の間違いが混ざっていても、機械学習に利用することはできます。もちろん、間違いがないデータの方が良い学習ができるのは確かですが、少量の間違いがあっても、訓練データの量を増やせる場合、最終的には良い結果が得られることが多いです。

たとえば、仕分け後の郵便物から番号を読み取ることで、ある特定の番号が書かれた数字をたくさん集めることができるでしょう。その中には、誤って仕分けられたなど、異なる番号が書かれた郵便物も混じっているかもしれませんが、たくさんのデータが用意できることのほうが機械学習の精度を上げるためには重要です。

その上で、大量のデータを十分に処理できるような計算能力と、適切にルールを発見するための学習アルゴリズムが必要となります。近年、機械学習が注目されているのは、計算機の能力が向上しより大量のデータを効率的に処理できるようになったこと、また、学習アルゴリズムの研究が進んだことから、性能が大幅に向上したのが主な理由です。

特徴ベクトルと特徴学習

もう1つ、機械学習において重要となるのは、入力からどのような特徴を抽出するかです。機械学習が行っているのは、特徴ベクトルという多次元の空間の上で、問題のデータと教師データの近さを計っていることに相当するので、特徴ベクトルの上で問題データが教師データの近くになければいけません。

文字認識の例を見てみましょう。**図1**には「1」を表す画像がいくつかありますが、これらは、それぞれ同じ画像を回転・平行移動させたものです。もし、これらが特徴ベクトル空間の上で近くになるのであれば、学習は非常に容易になります。しかし、画像の入力データとして、これらの画像は各画素の明るさを並べて表現されています。これをそのまま特徴ベクトルとして使うと、それらは「近い」とは言えません。

このような、問題を適切に表現できていない特徴ベクトルを使用しても、データの量が多ければ、多少は学習することも不可能ではありません。しかし、画像を処理して、たとえば

「線の角度」「線の長さ」などの特徴を取り出すことができれば、少ないデータ量であってもより精度のいいルールを獲得することができるようになります。

問題は、多くの場合に、適切な特徴を見つけることが難しいことです。「ルールを発見する」という難しい問題を解くために機械学習を導入したはずが、それと同じくらい難しい「特徴を発見する」という問題がそっくり残っていることになります。

近年、この特徴学習の領域で、ディープラーニングと呼ばれる手法が発達し、音声認識や、写真からの物体認識など、さまざまな実用的問題の精度向上に大きく貢献しています。詳しくは、本書収載の「ディープラーニングとは何か」にて紹介します。

具体例1　電子メールの自動振り分け

ここからは、機械学習が生活の役に立っているいくつかの実例を見ていきましょう。

電子メールは、遠くの人との連絡のコストを大幅に下げましたが、一方で、知らない相手からもいろいろなものが届くようになってしまいました。特に、受け取り側の同意なく送られるウイルスや広告などの迷惑メール、いわゆるスパムメールが多いと、本当に必要な連絡を見つけることができなくなってしまいます。最近では、自動的に迷惑メールを振り分ける機能を持ったメールクライアントが一般的になってきました。

この自動振り分け機能においては、近年、機械学習に基づく分類器が活躍しています。分類器は、送られてきたメールに対して、いろいろな規則を適用することで、スパムメールを自動的に判定するものです（**図7**）。従来は、人間が規則を書いていたのですが、その抜け穴をくぐるようなスパムメールばかりになるという問題がありました。しかし、機械学習を利用することで、人が作ったルールより精度の良いルールを発見することが可能になりました。

学習データとしては、「スパムメールとわかっている例」や「必要なメールとわかっている例」をたくさん用意します。コンピュータは、そのデータを使って、もっともスパムメー

図7　機械学習によるスパムメール分類の流れ図

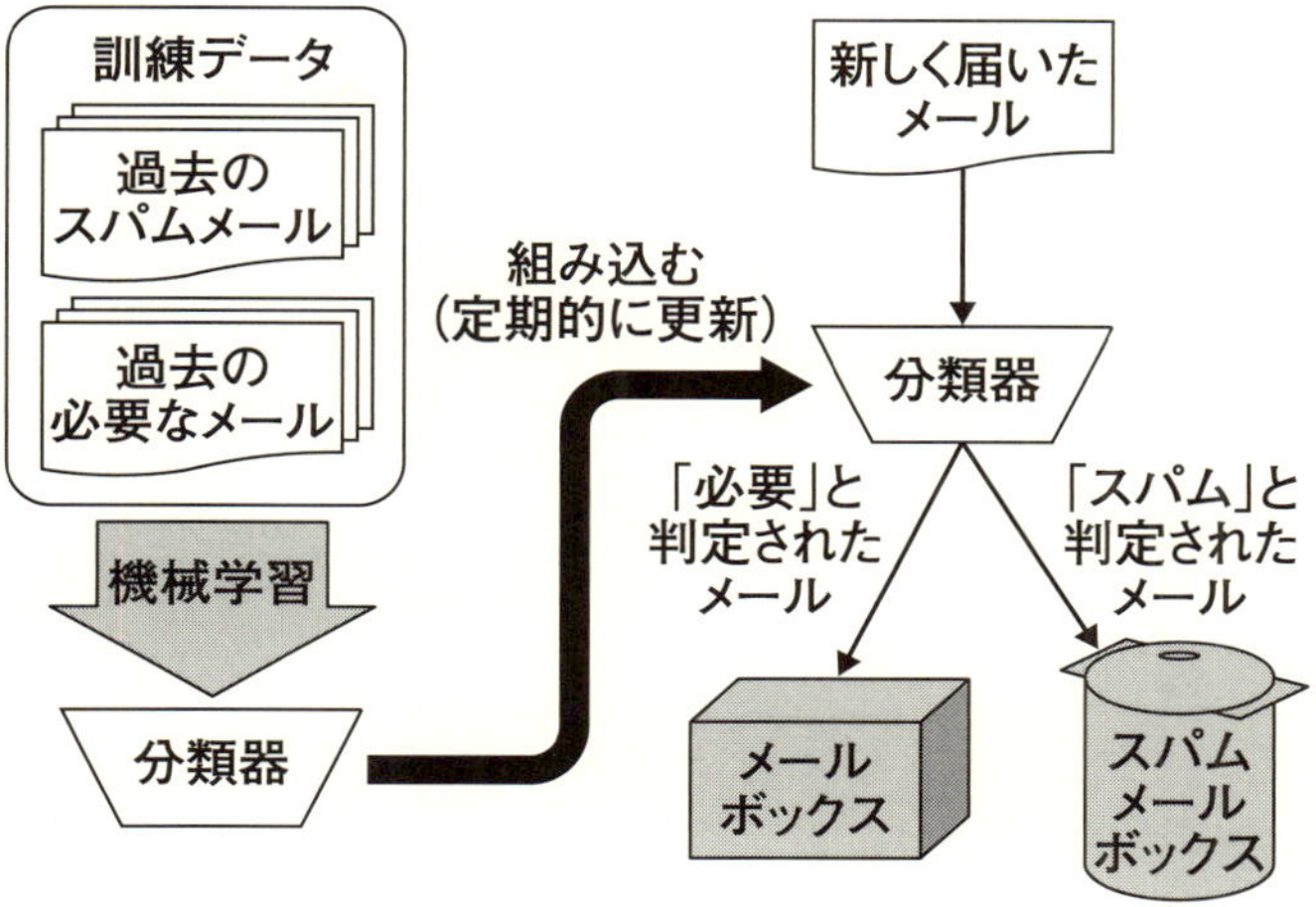

ルを精度よく判定できる規則を探索します。そして、後日、新しくメールが届いた時に、その規則に当てはめることで、そのメールが迷惑メールかどうかを判定するわけです。

とはいえ、実際には、どのような「規則」がコンピュータによって学習されるのでしょうか。「このアドレスから来たメールは必要なメール」とか「この単語を含むメールは迷惑メール」のような単純な規則では、送られてくる多種多様なメールすべてに対応することはできません。

実際には、メールからさまざまな特徴を取り出し、その特徴をもとにして分類器を作ります。たとえば、ある単語が含まれているかどうか、といったことから、単語の種類の数だけ特徴が作られます。他にも、ある特定分野からの言葉が多いとか、特定のアドレスから発信されていること、あるいは、メールの最初の送信時刻と受信した時刻との関係など、特徴としてはさまざまなものが考えられます。もっとも単純なナイーブベイズ分類器では、線形回帰と同様にして〝スパムメールらしさ〟を計算し、それを0以上1以下の確率値に変換して表現します。

そして、どの特徴がどの程度影響しているかを、学習データから判断します。たとえば、学習データの中で、「受信の1日以上前に送信された」という特徴を持つほとんどがスパムメールだった場合には、その特徴を持つメールに対しては大きな正の係数が学習されるでしょうし、「送信元の正しい電子署名がついている」という特徴がスパムメールに見つからなかった場合には、負の係数を学習することになるでしょう。しかし、その係数の決定は、あくまでデータをもとにして、誤分類によるコストをできるだけ下げるように決定されます。

ここで、ひと口に誤分類といっても、その間違い方によって影響が違うことに注意しましょう。具体的には、次の2種類では、その影響が大幅に違います。

False Positive（偽陽性《ぎようせい》）：実際にはスパムではないメールに対して、スパムであると誤って判断してしまうこと

False Negative（偽陰性《ぎいんせい》）：実際にはスパムのメールに対して、スパムではないと誤って判断してしまうこと

考えてみるとわかりますが、この2種類は、片方の間違いを減らそうとすると、もう片方の間違いが増えてしまうという、トレードオフの関係にあります。しかし、人間にとっては、偽陰性とは「1通のスパムメールが誤って他の重要メールに混ざってしまった」場合であり、単に人間がそのメールを削除すればいいことですが、偽陽性、すなわち「1通の重要なメールが誤ってスパムメールに分類されてしまった」ということが起きると、とても困っ

たことになります（図8）。つまり、この2種類の間違い方では、起きた場合の損失が異なってくることになります。もしも、単純に誤分類率を最小にするような学習をした場合には、偽陽性による問題が大きくなるでしょう。

そのため、この問題を機械学習するためには、それぞれの間違いの損失の度合いをまず人間が決めます（たとえば、偽陰性1通あたり1、偽陽性1通あたり10とします）。そして、総損失が最小になるように、係数を決定していくことになります。

最後に残る問題は、実際の学習に使うデータをどのようにして入手するかということです。データが多ければ多いほど、正確な学習が実現できることになります。技術者が1通1通見て分類していくという方法では、1日がんばっても何千通も分類することは難しいでしょうが、その程度の量では多くの特徴をカバーすることはできませんし、新しく登場したスパムに対応することもできません。また、スパムかどうかも人によって基準が違ったりします。もしも、もっと大量の訓練データを使うことができれば、問題を解くのがよりやさしくなります。

図8　偽陽性と偽陰性の関係

	スパムメール	必要なメール
スパムメールと判定（陽性）	真陽性（True Positive）（スパムメールをスパムメールであると判定）	偽陽性（False Positive）（必要なメールをスパムメールであると判定）
必要なメールと判定（陰性）	偽陰性（False Negative）（スパムメールを必要なメールであると判定）	真陰性（True Negative）（必要なメールを必要なメールであると判定）

ここでも、いろいろな方法が知られています。たとえば、ハニーポットという手法では、誰も使わないメールサーバーやメールアドレスを用意し、普通の人には目に入らないような形で、たとえばウェブページに読めないような文字で貼り付けておきます。スパムメールを送る人の中には、ＩＰアドレスをしらみつぶしにして踏み台にできるメールサーバーを探したり、機械的にメールアドレスを収集する人たちがいるので、そのような人たちはこのメールアドレスにもスパムを送ることが期待できます。つまり、このメールアドレスに届くようなメールはすべてスパムメールと考えることができるわけです。

別の方法として、他のユーザーが分類した記録を利用することが考えられます。たとえば、メールソフトで提供されている「スパムメールとしてマークする」という機能を使うことで、システムはそのメールの特徴を分析し、他のユーザーに届くメールの分類を改善することができます。このような手法はコミュニティベースのフィルタリングと呼ばれ、Gmailをはじめとしたwebベースのメールシステムで多く利用されています。メール分類に限らず、他ユーザーの閲覧履歴をもとに商品をおすすめするオンラインショッピングサイトなど、他のユーザーの入力を訓練データとする機械学習は広く使われており、今後も重要になっていくでしょう。

ユーザーのデータを取り扱う際に配慮しなければいけないのは、データの取り扱いにおけるプライバシーへの配慮です。外部への漏洩が問題なのは当然ですが、それ以外にも、削除したはずのメール等のデータが残っていたり、後で復元できたりしてしまうようでは、利用者側としては不安でしょう。スパムメールシステムの場合でいえば、メールを削除した後でも、メールやユーザーの分類結果に基づいて学習した分類器は残ります。しかし、学習においては多数のメールのデータを利用しているため、あるメールを学習に利用した場合でも、その学習結果（である分類関数）から個々のメールを復元することは不可能ですので、プライバシーを侵害する心配はありません。

個人のデータを守りながら、情報を共有して活用するという、一見すると相反する2つの目的が、機械学習という概念を仲立ちとして両立しているのは、重要な点です。ユーザーの安心を守りつつどこまでのデータ活用が可能か、という点については、重要な部分を秘匿したままで機械学習を実現するプライバシー保護機械学習などの研究もあり、今後の発展が期待されます。

具体例2　クレジットカードの異常利用検出

電子メールで見たような、「イエスかノーか」の単純な学習でも、力を発揮する領域はたくさんあります。別の例として、クレジットカードの利用履歴から、異常利用を検出するシステムを見てみましょう。クレジットカード会社としては、盗んだカードや偽造カードの悪用、返済するあてのない利用（自転車操業や破産前提の利用）などの詐欺的な利用はそのまま損失につながるため、できるだけ早期に発見して利用を停止したいところです。しかし、毎日何千万件もの取引があるクレジットカード利用履歴データの中から、このような利用を見つけ出すことは容易ではありません。このような、大量のデータの中から有用な情報を抽出する手法はデータマイニングと呼ばれ（マイニングとは採鉱の意味）、機械学習と密接に関連した領域として多くの研究が進められています。

1つのアプローチは、電子メールの学習で見たように、通常の利用履歴と、詐欺的な利用であると後で発覚した利用履歴とを訓練データとして利用し、教師つき学習を行うことです。ここでは、利用する特徴が電子メールとは大幅に異なってきます。利用された国・地域、金額といった個々の決済の情報だけでなく、利用者の情報（職業や年齢）、加盟店の情報、そして過去の履歴を含めた時系列としての変化を捉える必要があります。たとえば、金融システムの未整備な途上国から突然の決済請求が届いた時に、これまでも海外の利用が多くあったビジネスマンと、全く海外に行ったことのない年金生活の利用者では、判断が違ってくることもあるでしょう。また、同じビジネスマンでも、国内の有人店舗で利用があった1時間後に海外で同じ番号のカードが利用されたなら、偽造カードの可能性を検討する必要が出てくるでしょう。

もちろん、予測結果が陽性であったら常に詐欺というわけではありません。カード会社は、これまで蓄積した大量の履歴をもとにして分類器を学習し、疑いのある決済請求に対しては電話で本人確認するなどして、安全を確認してから決済を通すことができます。この結果、メールの場合とは逆に偽陽性の損失（余分な本人確認が必要）のほうが偽陰性の損失（利用額を回収できない）より小さくなるので、偽陽性が多めになるように学習のパラメータを調節することになるでしょう。

しかし、教師つき学習では、データがあるような異常利用に対しては有効ですが、これまでデータがないような新手の悪用に対しては無力です。特に近年、犯罪組織の側も高度化が進み、これまで予想もしなかった手法で詐欺を働くケースが増えてきています。どのようにしたら、これらの異常な利用をうまく検出することができるでしょうか。

このような異常検出では、教師なし学習と呼ばれる別の機械学習手法が威力を発揮します。これは、「利用データ」と「正解（詐欺かどうか）」の組を使う教師つき学習とは異なり、大量の「利用データ」のみを使うことが特徴です。正解データがないため、「詐欺らしいかどうか」を判定することはできませんが、そのかわり、これまであった利用パターンをいくつかのグループにまとめることで、「似たような利用パターンが過去にあったかどうか」を判定することができます。これを利用することで、過去のどの利用パターンからもかけ離れた利用データ（外れ値）があった場合に、それが適切な利用かどうか、迅速に調査をスタートすることができるようになります。

カード会社では、このようなさまざまな手法を駆使して、利用者のカードを不正な利用から守っています。教師なし学習に基づく異常検出は、金融だけではなく、コンピュータネットワークの侵入検知、製品プラントの故障前検出など、多くの領域で利用されるようになってきています。

図9　教師なし学習による異常検出のイメージ。既存のデータ（×印）の分布から、大まかなグループを構成する（楕円）。ここから、どのグループからも離れているような点（矢印）を外れ値として検出できる

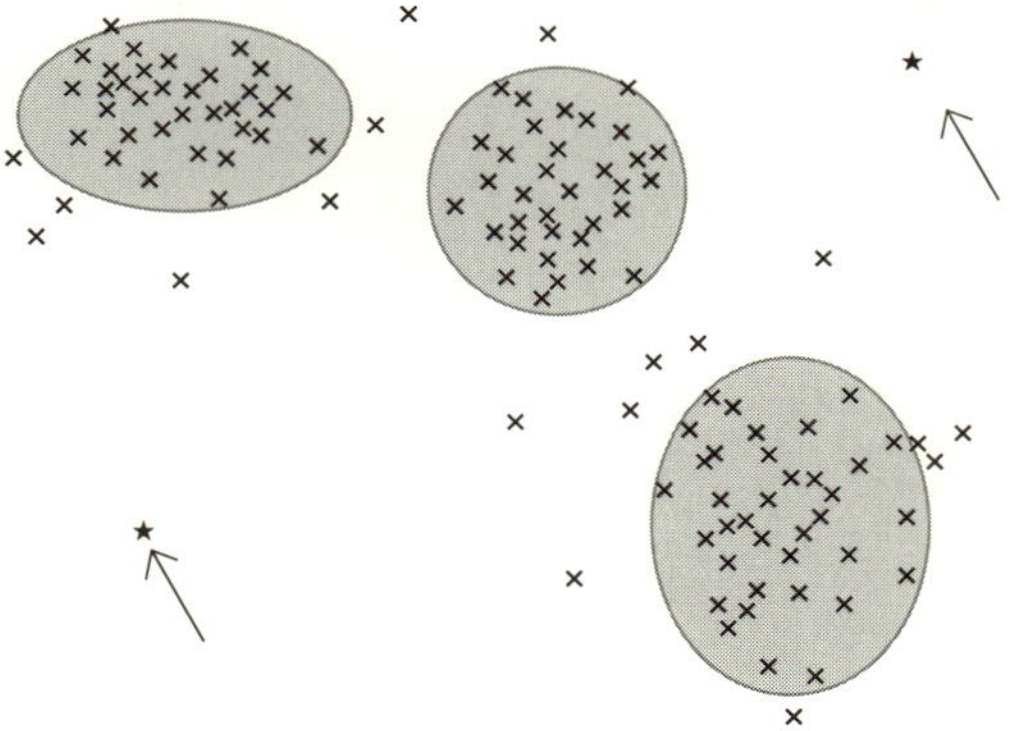

強化学習：行動決定の学習

これまで示してきたように、機械学習を利用することで、データに基づいてさまざまな判別や予測の精度を高めることができ、それが生活のさまざまなところで利用されています。しかし、多くの場合、判別や予測が最終の目的ではありません。その結果に基づいて、どのような決定をするかが重要になるのです。

たとえば、ビルに何台かあるエレベータを効率的に制御する問題を考えましょう。状況

によって各階の利用者の数は変化するため、効率よく運ぼうとすると、状況に合わせて運行方法を調整する必要が出てきます。たとえば、ビル最上階にある映画館から一度に客が出てくる時間帯であれば、ボタンで呼ばれる前に次々とエレベータをその階に向かわせるほうが効率的かもしれませんが、そうでなければ、空のエレベータを無駄に移動させる結果、他の階の利用者の待ち時間が延びてしまうかもしれません。通常、エレベータにとっての入力は押しボタンと重量センサーのみですから、これらの情報だけから状況を判断し、制御を行う必要があります。

従来は、入力を人手で記述した規則で処理して、状況の判定を行い、それに基づいて制御を行っていました。単純な機械学習の応用法は、状況の判定の部分を機械学習に基づく判別器に置き換えて、精度を向上させるというものです。もちろん、それもうまく働くこともありますが、あくまで設計者が想定した状況に対してしか適切に制御できません。

しかし、最終的に必要なのは、状況の判定率を向上させることではなく、エレベータの制御を改善することです。何らかの形で効率を表す指標を定義すれば（たとえば乗客の平均所要時間など）、どのような制御をすると効率の期待値が最高になるかを直接学習するアプローチが考えられます。中間までを機械学習する手法に比べて、端から端まで機械学習するほうが、良い効率が得られることが期待できます。

問題は、既存の運行データは、いままでの制御方法を使った結果しか持っていないことです。これだけでは、これまでのものとは異なる制御方法で運行した場合、どのぐらい良い結果になるかのデータがないため、学習することができません。

このような場合に有効な方法として、強化学習という手法が存在します。これは、これまでの学習法とは異なり、アルゴリズムに基づいてさまざまな制御手法を試行して、その結果の良さ（報酬）を観測することで、報酬を最大にするような制御方法を獲得するものです。言ってみれば、探索しながら必要なデータを獲得していく学習手法であると言えます。

こうした制御の問題では、ある時点での制御の選択がしばらく後の報酬に影響することがありますが、強化学習では、将来期待される報酬の和の期待値（価値）が最大になるように学習しますので、そのような場合も含めて学習することが期待できます。実際の状況と相互作用しながら学習するため、安定した性能を発揮することが難しいという課題もありますが、シミュレーション環境で学習させるなどの手法も研究されています。

　強化学習では、複雑な状態を持つ対象を扱うため、教師あり／教師なし学習と比較して問題設定が難しく、研究はまだ発展途上です。しかし、バックギャモンや囲碁などのゲームプレイヤー、滞納税金の取り立てのような人への働きかけ、あるいはデータセンターの冷却の最適化のような複雑な状態を持つ対象の最適制御といった問題にも適用されており、また、自動運転の研究においても重要な技術として注目されていることから、今後ますます研究が進んでいくことが期待されます。

図10　教師つき学習と強化学習の比較

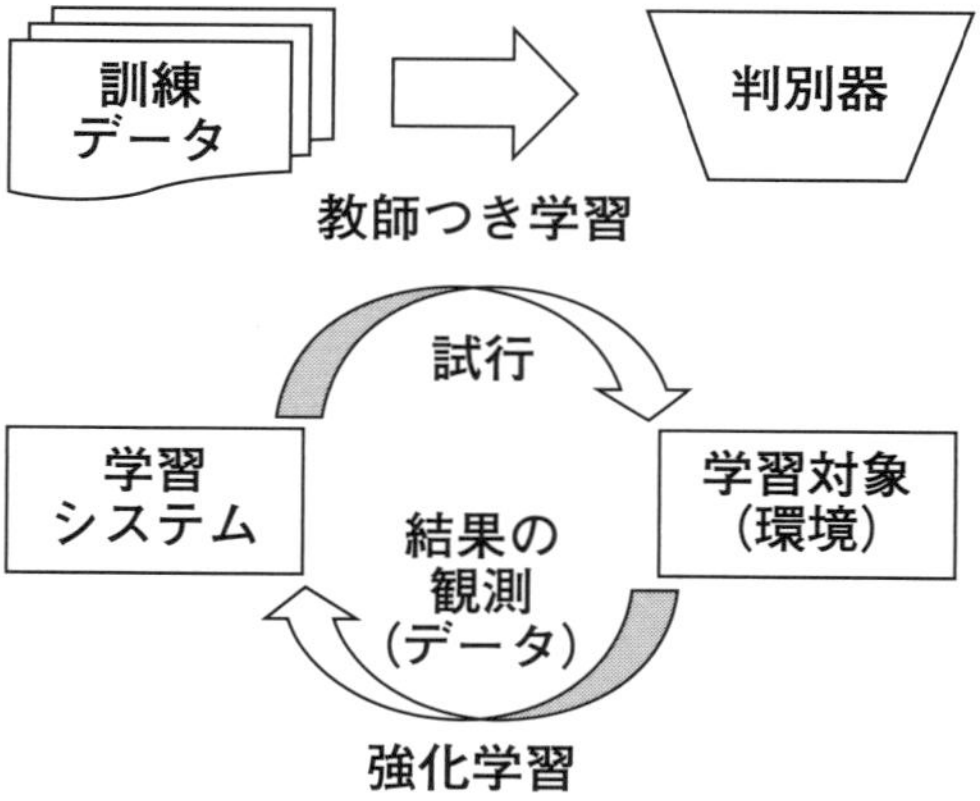

機械学習でできること、できないこと

この章では、実際に身近で使われている機械学習を通して、どのように機械学習が使われているかの仕組みについて見てきました。

近年、ビッグデータと呼ばれ注目を集めているのは、大量にあって従来は処理を諦めていたり、記録せずに捨てていたようなデータを、機械学習などの手法で処理することで、これまでできなかったようなことができるようになるからです。

計算のような単純なルールの適用や、条件を満たす解の探索などは、従来から人間よりもコンピュータが得意でした。機械学習を使うことで、ルールがうまく人間には説明できないような問題でも、機械が自動的にルールを学習して解くことができるようになります。というと、どんな問題でも解けるようになるのかと思うかもしれませんが、解くことができない問題もたくさんあります。

たとえば、新製品の企画や製品のデザインのようなオープンエンドの問題を解くのは非常に困難です。機械学習が有効に使えるのは、あくまではっきりしたゴールがあり、これまでのデータの類推で解けるような問題に限られています。より広い人工知能研究の一環として、小説の執筆や作曲をしたり、写真を加工するといった方面の研究も進んでいますが、人間の支援なしに、コンピュータが独創的でかつ鑑賞に値する作品を生成することは非常に難しいでしょう。ただ、人間とコンピュータが協調してさまざまなデザインや制作を行うというケースは十分考えられ、今後増えていくかもしれません。

また、単純にデータさえあれば何でも学習できるというわけでもありません。たとえば、営業部の長年の売上データがあったとしても、そのデータに単に機械学習を適用すれば、売上を増やす方法が見つかるというわけにはいかないと思います。なぜなら、売上というのはさまざまな営業活動の結果部分でしかないからです。営業活動の詳細なデータがあってはじめて、営業活動を機械学習する方法を検討することができます。従来は、営業日誌のような形で営業活動の記録を残していましたが、営業日誌のデータは多くが非定型で、また人によって書き方の違うような部分が多くありますので、そのまま使うわけにはいきません。まずは、何のデータを使うとどこを改善できるかを十分検討したあと、機械学習が効率的に行えるようなデータの記録方式を工夫するなどして、学習のための新たなデータを作っていく必要があるでしょう。

まとめると、機械学習が有効なのは、

・ゴールがはっきりした、クローズドエンドの問題
・コンピュータに扱いやすい、定型的なデータが十分に用意できる問題

となるでしょう。これらの条件さえ満たせば、機械学習は次々と驚くべき応用を生み出していくことでしょう。

第3章

Watsonの質問応答からコグニティブ・コンピューティングへ

金山 博
（日本アイ・ビー・エム 東京基礎研究所）

2011年2月にIBMの質問応答システムWatsonが米国のクイズ番組で人間のチャンピオンと対戦して勝利しました。そのニュースは全世界で大きく取り上げられ、研究者や技術者だけでなく、一般の人々にもコンピュータ科学の技術の進歩を知らしめる契機となりました。これにより、言語を解釈してその答えを推論して求めるといったような、人間が日常の思考の中で行う知的な処理がコンピュータによっても実現できるのではないかと、世間の期待が膨らみました。そして、それとほぼ時期を同じくして、深層学習などの技術が急速に進歩したこともあり、しばらくの間影を潜めていた「人工知能」がにわかに見直され、現在は毎日のように人工知能という言葉が報道の中で聞かれるようになりました。

本章では、Watsonの対戦で使われた質問応答の技術「DeepQA」の本質が何であったかを振り返りながら、それが与えた影響や、ビジネス上での応用とそのための技術的な拡張について解説します。そして、そこから生まれたコグニティブ・コンピューティングの概念と、人工知能との関連について述べます。

質問応答への挑戦

グランド・チャレンジの始まり

ＩＢＭリサーチ（研究部門）では古くより、非常に難しい技術的課題を設定してそれに立ち向かう「グランド・チャレンジ」と呼ばれる取り組みを行ってきました。１９９７年にチェスでチャンピオンに勝利したスーパーコンピュータ「ディープ・ブルー」もその１つです。コンピュータの新たな能力を試すにあたって、人間と同じ土俵で対戦させることは、達成すべき目標を明確にし、成果を人々にわかりやすく伝えるために非常に有効であることから、近年では各国の研究機関も、囲碁や将棋などのさらに難しいゲームに取り組み、大きな成果を出しています。

少し過去に戻って２００６年頃、ＩＢＭ社内ではチェスでの勝利よりも大きなインパクトが期待できるグランド・チャレンジの題材を求めて議論が行われていました。64マスの盤面の上で行われるチェスのゲームは、勝ち負けに明確な基準があって偶然の要素が無いので、コンピュータは勝つために最善の手を数値的に計算することができます。そのような計算や探索をコンピュータが得意とすることは既に示されたということで、次は人間が日常生活で用いている自然言語（英語や日本語など）をどこまでコンピュータが扱えるかという点に興味が集まりました。そのようなコンピュータの能力の限界を試すために、全世界のＩＢＭリサーチが取り組むグランド・チャレンジのテーマとして米国のクイズ番組Jeopardy!での人間との対戦が採択されたのです。日本ＩＢＭの東京基礎研究所からも、テキストマイニングの研究の実績があることから、筆者を含む2名がプロジェクトに参加することとなりました。

Jeopardy!は、歴史、文学、科学、スポーツ、雑学など、あらゆる分野から出題される、いわば正統派のクイズ番組です。問題文は一文から二文の英文で書かれており、それが指し示す人名、地名や物の名前など、名詞や固有名詞をずばり答えるという形式です。いわば広い分野の「教養」が試されるのですが、そもそも質問文が何を問うているかを推定するためには、世界知識と呼ばれる、人間が無意識で獲得しているような「常識」も要求されます。「カナダの首都はどの都市か」といったように、単純にデータベースを参照するだけで正解できる問題は稀で、後に示す例のように複数の条件が絡んだ問題が出されます。過去の対戦と同じ問題が出題されることはないので、想定される質問と答えを予め用意しておくという「丸暗記」のアプローチではまったく対応できません。仮にインターネットの情報を使えたとしても、問題文の中にある単語をwebで検索するだけでは一部の簡単な問題の答えしか見つけられないことが、プロジェクトの初期の段階の調査で確かめられました。

それでも、1つか2つの文で表現される問題の中には、正解を答えるために充分な条件が含められていて、一般に人々が知ることができる知識を総動員させれば、必ず1つの正解を出せるように設問されています。そこで、Wikipediaやニュース記事など、多くの事実を含んでいる文書や、シソーラスと呼ばれる単語の関係が書かれた辞書や、有名な映画や地理の情報のデータベースなど、さまざまなタイプの情報源を活用しました。その成果が、2011年2月のテレビ放映の際、歴代のチャンピオン2名と対戦したコンピュータの解答者「Watson」です。

なお、学術界でも古くから、自然言語で与えた問題文に対してピンポイントで答えを求める「質問応答システム」の研究が行われていました。アメリカで行われているTRECなどの評価型ワークショップでは、複数の質問応答システムの優劣が比較ができるように、使ってよい情報源を予め限定して、その中でどれだけの問題が解けるかを競い合う形式を作って、技術を少しずつ進歩させてきました。一方、Jeopardy!のチャレンジはそのような状況とは大きく異なって、使うことができるデータや手法には制限はありません。クイズ番組のルールに則った上で、人間の記憶と判断の能力に対して、コンピュータによる処理がどこまで立ち向かえるかを測るための絶好の場を用意することができたのです。

質問応答技術「DeepQA」

学術分野での言葉でWatsonの技術の中身を表現すると、「オープンドメインのファクトイド型質問応答システム」となります。ファクトイド型質問応答とは、「フランスの首都はどこか？」という質問に対して「パリ」が答えとなるような、問題文に対して名詞や固有名詞など1つの語句で答えさせる問題設定です。ここでは「リーマンショックはなぜ起こりましたか」のような原因を尋ねたり、「カレーの作り方を書きなさい」のような手順を答えさせるような質問は対象外となります。オープンドメインとは、問題が特定の分野（例えば都市の観光案内や飛行機の予約、病気に対する投薬の方法など）に限定されておらず、あらゆるジャンルが扱われるということです。

クイズ番組Jeopardy!での対戦は、オープンドメイン・ファクトイド型質問応答の性能を測定（ベンチマーク）するための理想的な舞台だと捉えることができます。ここでは、その対戦に向けてＩＢＭリサーチが開発した質問応答システム「DeepQA」の処理の流れを見てみましょう。

図1のように、テーマの名前と質問文がテキストの情報としてシステムに渡されます。例えば、「方言について」というテーマで、「マルタ語はイタリア語から多くの語彙を借りているが、それはこのセム語族言語の方言から発展した」といった問題が出されます。まず、問題文を分析して、そこに書かれている条件を満たす「セム語族言語」が何かを答えることが

図1　クイズの問題を解くDeepQAアーキテクチャの処理の流れ

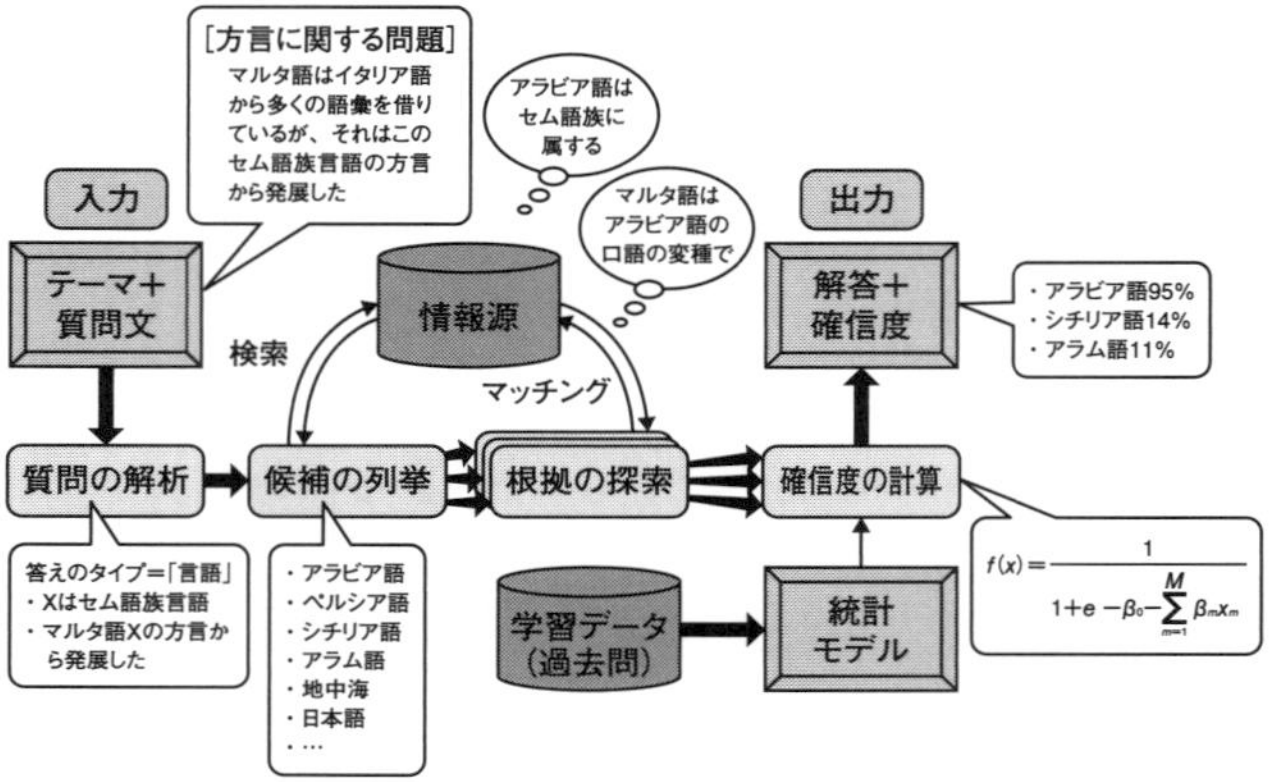

求められているということを判断します。そして、答えとなりそうな語の候補のリストを作って、それぞれが答えとして正しいという根拠を、予め蓄えてある情報源から探して、それぞれの答えの確信度、すなわち正しいと判断できる度合いを計算して、システムの出力とします。

順を追って、より深く見てみましょう。「質問の解析」の部分では、質問文である英文を構文解析して、答えるべきものの型を示すＬＡＴ(Lexical Answer Type) を求めます。上記の例では「言語」がＬＡＴとなります。

次に、「候補の列挙」を行います。これは、質問の中にある単語やフレーズと一緒に現れやすい語を、情報源の文書の中から探して、数十個から数百個を列挙します。先ほどの例なら、「アラビア語」「シチリア語」「アラム語」「ペルシア語」「日本語」「地中海」など、セム語族言語に限らず、問題文と関連がありそうな語が並べられます。ここで使われる情報源とは、新聞記事、百科事典など、事実が書かれやすいテキストのほか、語と語の関係を記した辞書など、広い出題範囲に対応できるよう、さまざまなものが用意されています。

研究者たちが最も力を入れていたのが、それぞれの答えの候補の正しさを判定する「根拠」を探す部分です。まず、候補の語の性質がLATと一致するかを、さまざまな辞書や文書を使って確認します。例えば、「アラビア語」は「言語」であるということが語彙体系（シソーラス）に書かれていれば、「アラビア語」はこの問題の答えに（「地中海」など言語ではない候補よりも）ふさわしいといえます。語彙体系の他にも、ウィキペディアの本文に、「アラビア語は……言語の1つ。」と書かれていれば、これも「アラビア語」がLATと合致する根拠の1つとなります。正しくない答えである「日本語」も「ペルシア語」も同様の根拠が見つかってしまいますが、それは気にしません。

さらに、質問文の中のＬＡＴを候補で置き換えたもの（先ほどの例では、「マルタ語はアラビア語の方言から発展した」というフレーズ）と似た意味を持つような記述が情報源の中で見つかった場合、それも大きな根拠となるでしょう。もちろん、それと完全に一致する文が見つかることは稀なので、検索エンジンと同様に、問題文と情報源にある文の間での単語の一致の度合いなどを調べます。さらに、表記方法は違えど同じ意味を持つ言語現象をマッチングさせるパラフレーズ（換言）、文から論理構造への変換、時間や場所の情報の正規化、論理駅な推論など、表面的な文字の類似度だけでなく意味の近さを比較するという、自然言語処理の分野で永年培われてきた手法を取り入れました。

最後に、得られた根拠を集めて、答え候補の「確信度」を計算します。情報源の中から見つけ出した答え候補の正しさを1つの数字で表現すべく、どのような根拠が見つかれば正解である可能性が増すかを考えるために、過去にJeopardy!で出題された大量の質問文と解答から統計的手法を用いて、自動的に傾向を学習させました。こうしてそれぞれの答えの候補に確信度が振られ、一定以上の高い確信度を持つ答えが見つかった時に、Watsonはボタンを押して回答します。

Watsonと人間の能力の違い

以上が質問応答システムとしてのWatsonの処理の流れですが、クイズ番組での対戦を見ていると、Watsonはさまざまな局面で人々を驚かせました。

1つは回答する速度です。多くの候補の正しさの確信度を計算しながらも、ほとんどの場合は司会者が問題を読み終えるまでの間にWatsonは計算を終え、他の対戦者よりも早くボタンを押していました（実際に物理的にボタンを押しています）。その速さには対戦者も苛立ちを抑えられないほどでした。大量のプロセッサを並列に繋げることによって同時に複数の候補の検証ができたこと、情報源のデータをディスクでなく実メモリに載せたことなども高速化の決め手でした。

答えを求める時にも、前の節で見た通り、人間とは全く異なる考え方をしています。人間のように直感的に答えが閃いたり、演繹的に答えを導いたりすることはありません。Watsonは、大量の仮説を立ててそれを同時に検証していくという、通常の人間は行わないプロセスで、答えの候補の正しさを相対的に比較しています。すなわち質問を完全に理解しているのではなく、独自の方法で解釈をしているのです。

Watsonの対戦の際の象徴的な出来事が、第一戦の最後の決勝問題でした。「アメリカの都市」というテーマで、「この都市の最大の空港は、第二次世界大戦の英雄にちなんで名付けられた……」という問題文に対して、正解は「シカゴ」であるにもかかわらず、Watsonは「トロント」と答えたのです。多くの人は、トロントはカナダの都市であるという「常識」を持っているので、それを答えようとはしないでしょう。しかしWatsonは、シカゴのオヘア空港の由来を強い根拠として使えなかったことや、シカゴが米国の都市だとわかっても、トロントが米国の都市でないことはわかっていない（実際に「トロント」という名の町は米国に存在します）ことなどから、シカゴに高い確信度を与えられませんでした。そもそも、テーマの名前と答えの候補が合致するかどうかは、過去の問題を分析した結果、あまり重要でないとみなされていたのです。

問題を解く以外にも、クイズの対戦の中ではさまざまな判断が求められる局面がありま す。ボタンを押して回答するか、自信が無いということで見送るか。問題文を選択する時に どのパネルをめくるか。掛け金を設定する際にいくらが望ましいか、ということを、人間も コンピュータも考える必要があります。Watsonは非常に的確にこれらの判断をしていまし た。確信度を正確に見積もることにより、情報源に充分な情報が無い時にはボタンを押さな いという選択をしたり、掛け金を非常に小さく設定するということができていました。ま た、過去の統計の情報を用いて、パネルから問題を選ぶ時に時折現れるボーナスパネルを引 き当てることにより、対戦者に不意に逆転されることを防いだのも、勝利のためには大きな ポイントでした。自分の持ち点の中から掛け金を設定する際にも、人間なら500ドル、2 000ドルといった金額を考えるところ、Watsonは947ドルのような値を簡単に計算し ます。これは最終的な勝率を上げるための最適値を瞬時に計算したためであり、コンピュー タが過去から得意としている領域の計算です。こういった点なども、ゲームに勝つための賢さとして、対戦を通じて一般の人に認識され、人間よりも高度な知識を持つコンピュータに対しての期待を高める要素となりました。

Watsonは、問題の解答を音声で読み上げていたことから、独自の人格があるかのようにも見えました。パネルの選択や掛け金の設定などにおける司会者とのやり取りや、確信度が低い状態で答えを言う時の「当て勘で答えますね（I'll take a guess)」といった発言など、なんとなくお茶目な印象を持った人も少なくないでしょう。ただし、これは実際に考えて対話をしていたわけではなく、決められた通りの言葉を発声していただけなので、知識の本質ではありません。

このように、人間とコンピュータの対戦とはいえ、Watsonが目指すものは人間を模倣するようなものではなく、コンピュータならではのアプローチで情報にアクセスする手法でした。１９８０年代に第五世代コンピュータの計画があった時には、エキスパートシステムと称して、人間の専門家が持っている知識をそのままルール化してコンピュータに教え込もうとしましたが、実用に耐える結果はほとんど出せませんでした。それに対して、Watsonの考え方は、ルールを用いて答えを探すことを諦めて、多くの観点から答えらしさを探して、総合的な答えらしさを数値化する、という方法にしています。もちろん、根拠を探す1つ1つの仕組みには、人間の言語の理解に近いような規則もたくさん使われていますが。

このようなコンピュータの性質を一般の人に理解してもらうためにも、ＩＢＭはWatsonを擬人化をしないように気を配っていました。外見を人間やロボットのような形にせず、地球のような形が回るような「顔」としてデザインしたのもこのためです。

質問応答技術の応用に向けて

DeepQAの活用

Jeopardy! の対戦におけるWatsonの勝利の後、DeepQAが実現した質問応答の技術を、実社会で活用するための議論が始まりました。人間のチャンピオンよりも高速かつ正確に問題を解く姿を見て、Watsonに尋ねれば世の中のことは何でも答えてもらえる、と世間の人々が期待するのは自然なことです。しかし、クイズ番組での勝利は、どんな問題でも解決できる全知全能の知識の実現を意味するものではありません。そんな中、世の中の期待に対して、どのように技術的に応えられるかを考えていくことが、ＩＢＭの研究開発の次のステップとなりました。

まずは、Watsonの挑戦によって実証された技術、すなわち先に述べたDeepQAの技術の中核を振り返ってみましょう。

・1つの文を受け取って、それが指し示しているものを解釈する
・文書や辞書を参照して、答えとなりうる語の候補（仮説）を列挙する
・蓄えられた大量の文書から、仮説の根拠となる記述を検索する
・過去の問題と正解をもとに、それぞれの仮説の正しさを確信度として数値化する
・一定以上の確信が得られた時に、最も望ましい候補を答えとして発声する

DeepQAの仕組みを活かして、クイズ番組の問題を解くこと以外に何ができるでしょうか。課題に対して技術を適用できる条件となるのが、(1)答えの候補が列挙できるものであること、(2)正しい答えを求めるための情報が存在すること、の2つです。これらに合致するものとして最初に着目されたのが、医療の分野での情報処理でした。

カルテの中に「50歳女性の患者は、喉の渇きを訴え、脂質異常症の既往症があり、血圧が○○で血糖値は○○、5年前からレボチロキシンを服薬しており、……」といった情報が書かれている時に、医師は自身の経験や文献の情報などをたよりに患者の病名を推定し、検査や治療を行います。この処理は、電子カルテの情報を入力して、医学分野の文献をたよりに、可能性のある病名を出力するという問題に置き換えると、DeepQAの仕組みがぴたりと当てはまります。その入出力と処理の流れを**図2**に示します。

ここで注意すべきことがあります。クイズ番組の問題は、与えられた短い文の中に正解を示すものが1つだけ存在するように、慎重に作られたものでした。一方で、電子カルテの情

図2　DeepQAの仕組みを、病名を推定する問題に適用するイメージ

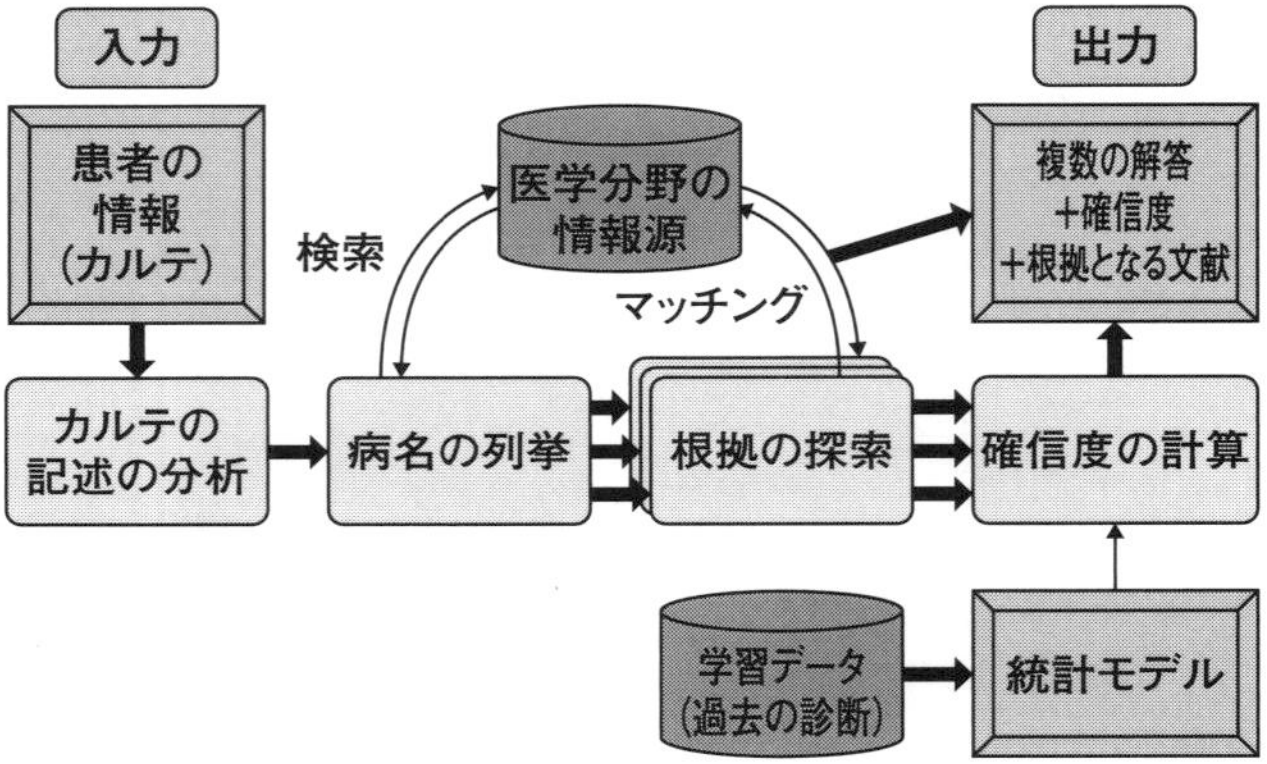

報をすべてコンピュータに読み込ませたとしても、そこに書かれていない症状や、医師が患者を改めて診ないとわからない情報があるかもしれません。また、患者の病気は1つではなく複数あるかもしれませんし、実は患者が健康である、すなわち答えとなる病気が無いというのが正解なのかもしれません。従って、クイズ番組の時のように、確信度が最も高いものをボタンを押して回答するという問題設定とは大きく異なります。

しかし、DeepQAは、1つの答えを出力するだけでなく、複数の答えの候補を考えて検証し、それぞれに対して答えの確信度を計算することができます。また、答えを探す際に大量の情報源か

ら、問題文と仮説の関係性を述べているような記述を検索しています。従って、最後の結果だけでなく、中間状態を提示することができるシステムにすれば、とても有用なものになるでしょう。経験豊富な医師でも、極めて稀な難病の可能性を見落とすことがあるかもしれません、過去の患者に対する診断の記録をまとめれば、隠れた兆候が見つかって、現在の患者との関連が見えるかもしれません。すなわち、病名という結論だけではなく、答えとなりうる複数の仮説とそれらの確からしさ、さらにその根拠となる文書を、人間の医師に対して提示して、人間の医師がそれを見ながら一緒に考える、というシステムを設計するのです。

すなわち、人間の医師を置き換えて機械化しようとするのではなく、大量のデータと高度なシステムによって人間の判断をサポートするという考え方です。ＩＢＭは２０１６年、医療データや解析システムのTruven社を買収するなど、医療に関する知識を重視しています。このようなデータを集約していくことにより、データをもとにした医療が高度化されていくことが期待されます。

大学入試問題と質問応答技術

日本の国立情報学研究所では2011年から、「ロボットは東大に入れるか？」と題して、入試問題を解くという能力においてコンピュータがどこまで受験生に匹敵するかを検証するとともに、そこで必要となる技術や、人が学習すべきものなどについて考察するというプロジェクトを行っています。その初期の段階で行われた、DeepQAの技術を活用する試みを紹介します。

入試問題の形式は多岐にわたっており、数学のように計算や証明をしたり、英語や現代文の読解のように物語の世界の中における事実や人の考えを答えたり、地理や化学のように図表を扱うなど、ファクトイド型の質問応答で扱うような一問一答の形式とは異なるものがほとんどです。そんな中、世界史のセンター試験の問題は、一般的な知識をもとに答えを導くことができるという点で、汎用的な質問応答システムが持つ知識が活用できることに着目しました。

世界史のセンター試験の問題は、真偽判定と呼ばれる、4つの文から正しい文（または誤った文）を1つ選ぶ問題の形式が大半を占めています。以下に例を示します。

真偽判定の問題の例（2009年センター試験 世界史Bより）。正答は3。

唐代から宋代にかけての科挙の合格者である人物について述べた文として正しいものを次のうちから1つ選べ。	
1	欧陽脩や蘇軾は、唐代を代表する文筆家である。
2	顔真卿は、宋代を代表する書家である。
3	宋の王安石は、新法と呼ばれる改革を行った。
4	秦檜は、元との関係をめぐり主戦派と対立した。

これらの文がそれぞれ正しいかどうかは、該当する事柄が「教科書や参考書に載っているかどうか」で検証することができると考えられます。しかし、問題文と教科書との間でまったく同じ語句や表現が用いられているとは限らず、語句の一致の度合いを調べることによって正しさを判定するのは困難です。そこで、真偽がわからない文の中の固有名詞を置き換えて、それが何であるかを問うという、別の問題を作ってみます。例えば、表中の選択肢2の

文から、以下の2つの問題を作ります。

(1)この人物は、宋代を代表する書家である
(2)顔真卿《がんしんけい》は、この時代を代表する書家である

これらの下線部が何かを答えさせる問題は、まさにJeopardy!のクイズと同じ形式になります。そして、もとの文（選択肢2）が正しいとすれば、「この人物」や「この時代」に対する答えとして、もとの文に書かれていたもの（それぞれ「顔真卿」や「宋代」）と同じ語句が返ってくることが期待され、もとの文が誤りであれば、別の人物や時代が出力されるでしょう。すなわち、真偽判定の問題をファクトイド型の質問応答に帰着させることができるのです。

この考え方に基づいて、Jeopardy!と対戦したWatsonのシステムを使って、世界史の問題を解いてみました。DeepQAは当初英語にしか対応していなかったので、日本語の問題を

図3　ファクトイド型質問応答を使って命題の真偽判定を行うシステム

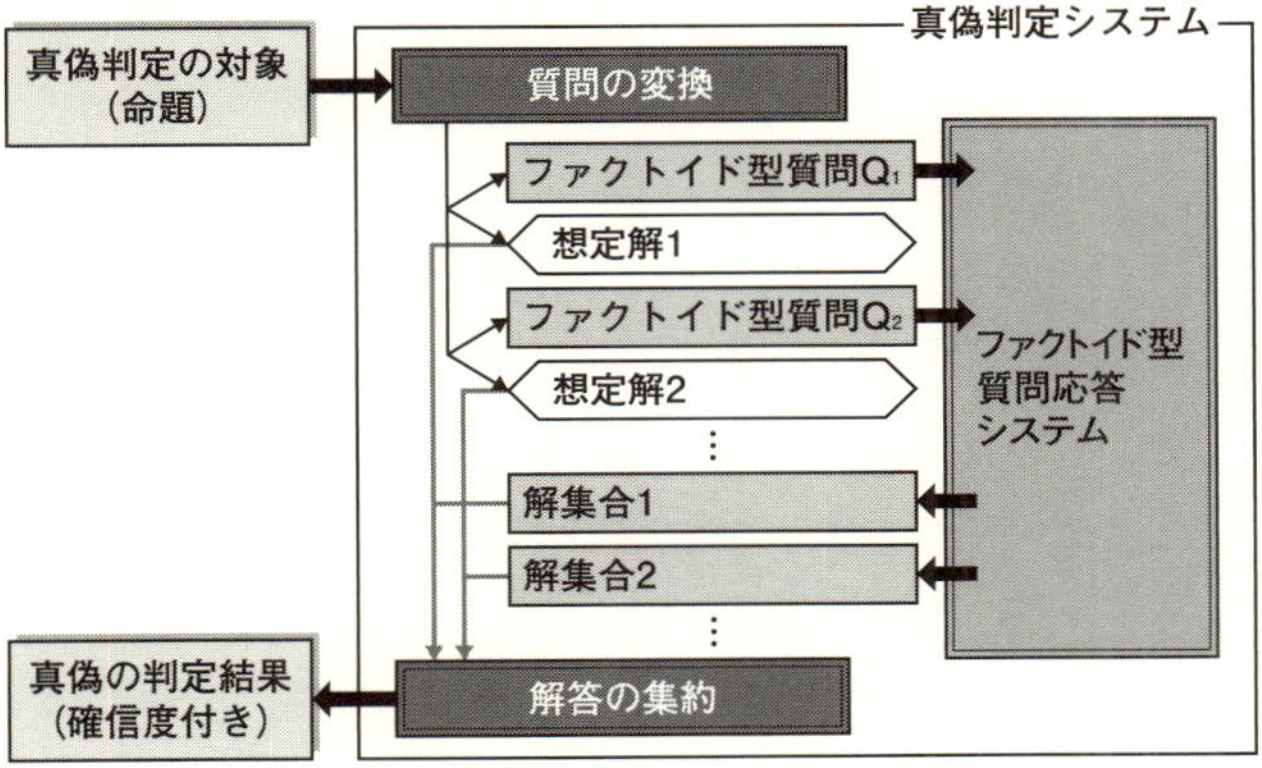

英語に翻訳し、また質問を変換するところは人手で補助しました。すると、センター試験の問題の選択肢の真偽を判定するというタスクにおいて、81・7%の正解率を得ることができました。

これは優秀な受験生には及ばぬものですが、世界史についての特別な知識を与えることなく、百科事典の情報などから作られた汎用的なシステムを使って、真偽判定という本来のファクトイド型質問応答とは異なる形式の問題が解けることが示されました。また、正誤の選択肢を選ぶだけでなく、どこが間違えているかを含めて調べることができるという点など、質問応答システムの使い方の新たな可能性が見いだせたことも特筆すべき点です。

人工知能への期待と質問応答の形

前節ではDeepQAの仕組みを活用する方法を、技術ベースで検討してみましたが、実際のビジネス上のニーズの側からも考えてみましょう。すると、質問応答の技術を発展させるべき方向が見えてきます。

「よくある質問」への回答

例として、ラップトップPCを製造販売している企業が、日々コールセンターに寄せられる消費者からの質問に対して、短い時間でより正確な返答ができるようにしたいという場面を考えます。質問応答のシステムがあれば、クイズ番組の複雑な問題よりも簡単に答えてくれるだろう、という期待が持たれるのですが、実際にはこの問題は簡単なようで難しいところがあり、また必要となる要素技術は異なってきます。

まず、消費者からの問い合わせは、商品名や地名など単独の名詞や固有名詞で答えられるものでないことがほとんどです。「パスワードを忘れてしまったのですが、どうすればよいでしょうか」「なぜ電池が熱くなってしまうの？」「モデルAとモデルBの違いは？」のように、「どのように」「なぜ」を問うものや、価格やメモリの量など数値について尋ねるものが大半を占めます。そのような問題は、有限個の仮説を立てて、仮説の「型」を推定して、それらの正しさを数値化するタイプのファクトイド型質問応答では答えるのは困難です。望ましい解答の形は、1つの単語ではなく、マニュアルやｗｅｂサイトから抜粋した文や、より長い文章を要約したものや、場合によっては表や図などを案内するといったものとなるでしょう。

また、このような問い合わせは概して、類似したものが頻繁に現れる傾向があります。コールセンターによっては、問い合わせの半数近くが数件のパターンで回答できるという場合もあり、クイズ番組のように同じ問題が2度と出題されないという状況と大きく異なります。従って、表現のバリエーションを集約して、1つの解決策の文書で多くの質問に答えるようにすることが重要です。例えば「パスワードを忘れてしまったのですが、どうしたらよいですか?」といった問い合わせだけでなく、「パスワードが無効と言われます」「ログインができなくなってしまいました」……といった様々な表現に対して、同じ答えが求められていると認識しないといけません。これらの例のように、消費者が話すことは、疑問文の形にすらなっていないものも含まれますが、人間なら当然、それに対してどのように解決すればよいかを判断してアドバイスを与えます。

さらに、質問文が明確に正しく述べられているとは限りません。「○○のソフトがインストールできません」という問い合わせの中では、機種名は何か、OSは何かといった情報が不足しており、問題を解決するためにはそれらの情報を補足する必要があります。この点も、答えるための条件が1つの文の中に過不足なく書かれているクイズの問題と異なる点です。

図4　FAQのデータを使って質問文に対して的確な答えを返す仕組み

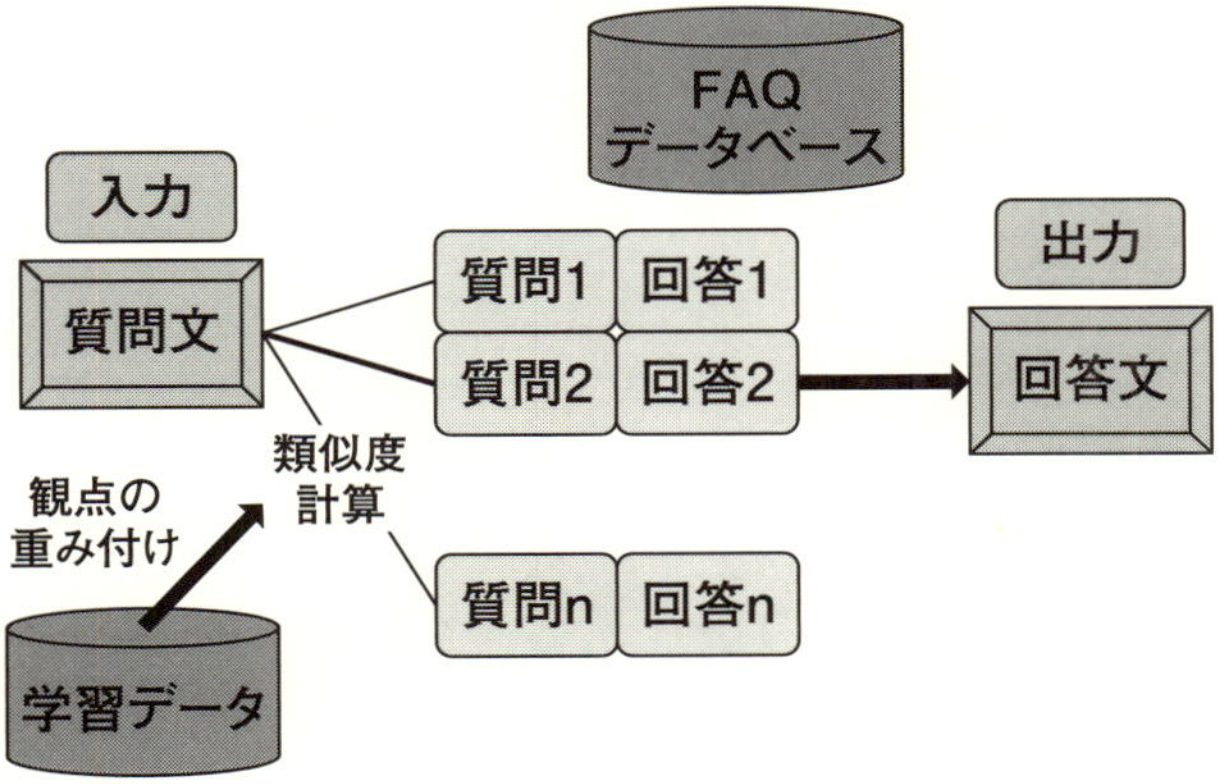

これらの問題に答えるためには、百科事典のような汎用的な知識に頼ることはできず、各企業が持っている製品のマニュアルやコールセンターにあるノウハウ、過去の問い合わせの事例、そこからまとめられたＦＡＱ（よくある質問と回答）などが情報源となります。これらを入力とマッチさせたり検索しやすいように整理したり、最新の情報に保つよう管理したり、また製品名やその別名などの辞書を作成するなどの作業が重要となります。

また、コールセンターに寄せられる音声のデータを直接扱うなら、音声を自動的にテキスト化する音声認識の技術が求められます。ｗｅｂサイト上でのチャットで問題解決をするシステムであればインタラクティブな対話をしたり、ロボットを介して顧客に案内をする場合なら画像認識で顧客の属性を判定したり、音声合成で会話をするなど、それぞれの場面に応じてインターフェースやその構成要素が変わってきます。

もう1つの実用的な質問応答は、答えがわかっていないものに対する質問をすることです。Watson for Genomicsは、特定の遺伝子と関連するものは何か、といった質問に対して、数千万編の論文に書かれた情報の中から、関連する別の遺伝子やその変異の仕方に関する語の候補を出力します。未知の癌《がん》に関する情報などは、今までの文献のどこにも書かれていませんが、専門家が語の分布の傾向を見ることによって、原因となった遺伝子の情報を知ることができ、適切な治療に繋げられることもあります。これはテキストマイニングと呼ばれる技術であり、人間が持つような発見や判断を、大量のテキストデータを用いて助けることができます。

機能の細分化

以上で見たように、人々が知りたいことや解決したい問題に答えてくれる仕組みを実社会で活用するためには、ある1つの汎用的な人工知能に問い合わせるというよりは、それぞれの局面に特化したシステムを設計するというのが実際のところです。そのために、システムを提供する側は、活用できるデータ、利用者に案内したい知識、適切なインターフェースなどを考えて、知的なシステムを構築することになります。このような議論を通じて、DeepQAのような完成された質問応答システムを提供するだけでなく、その要素技術を細分化して、様々な応用を実現できるようにする環境こそがビジネスの場で必要とされているという考えに至りました。

ＩＢＭでは２０１５年より、対話や分析をするための個々の機能をアプリケーションプログラミングインターフェース（ＡＰＩ）として簡単に試用ができるようになるWatson Developer Cloud の公開を始めました。それらを組み合わせることによってそれぞれの局面に応じたシステムを構築できるようになります。利用できる機能として、主に以下のものがあります。

・**音声認識**（Speech to Text）　音声データをテキストに変換し、複数の認識結果とその確からしさを出力します。２０１６年10月現在では日本語を含む7言語に対応しています。

・**音声合成**（Text to Speech）　テキストデータを音声に変換して読み上げます。

・**自然言語分類**（Natural Language Classifier）　ラベルが付けられた学習データに基づいて、単文を数個から数百個のクラスに分類します。文が言及している分野を分類したり、質問の意図を推定する時に使います。

・**検索とランク付け**（Retrieve and Rank）　入力された文またはデータに対して、文書群から文書を検索し、学習データに基づいて並び替えを施します。

・**対話**（Conversation）　複数回のやり取りを通して問題を解決するための、自動的な対話を実現します。推定された文の意図や、抽出された語句に基づいて、会話の流れを制御します。

・**言語翻訳器**（Language Translator）　テキストデータを他の言語に翻訳します。
・**性格分析**（Personality Insights）　1人の人が書いた一定量の文書を読み込ませて、その書き方の傾向から、好奇心の強さ、協調性などの性格の度合いを分析します。
・**画像認識**（Visual Recognition）　写真のデータに対して、写っている事物が何かを確率的に推定します。また、それが人物の場合には性別・年齢を推定します。

いくつかのAPIは、データに基づく学習をさせるなど、分野に応じたカスタマイズをすることができます。自然言語分類はその典型で、どのようなラベルを付けるかはアプリケーションを設計する開発者が決めることができて、ラベルが付いたデータを基にして類似性の傾向をシステムに学習させて、実行時には入力された文に最もふさわしいラベルが確率付きで出力されます。

対話の機能については、２０１６年から、対話を実現するプラットフォームという概念が流行し、MicrosoftのCortanaやAmazonのAlexaなど、多くの開発者向けの環境が使えるようになってくるなど、人間とのやり取りを自動化するチャットボットが至るところで試作されるようになりました。

こういった複数の機能を組み合わせることによって、当初考えていたような、1つの質問文に対して答えを求めるような質問応答システムから、応用の幅が飛躍的に広がりました。一問一答の形式ではなく、複数回のやり取りからなる対話を通じて、利用者が商品を注文したり、サービスに関する疑問を解決したりする仕組みが実現できるでしょう。また、音声や画像を含むマルチモーダルな処理を組み合わせると、コールセンターの自動化や半自動化や、物理的なロボットと組み合わせて会話ができるようなアプリケーションを設計することができるようになります。

コグニティブ・コンピューティング

以上で見てきたように、クイズ番組で人間に勝利した質問応答システムを実用化する方法を検討する過程で、本質的に求められている要素技術が明確になってきました。特に重要な示唆は、解きたい問題の性質やそれを解決するための知識、そして利用者とのインターフェースは、利用する場面によって大きく異なっており、汎用的な1つの質問応答システムでは到底解決できないということです。従って、場面に応じたシステムを設計し、カスタマイズできることが求められます。そこで、コンピュータがデータに基づいた学習をするとともに、開発者がシステムを迅速に作るためのプラットフォームを目指して、核となる機能に細分化したＡＰＩをクラウド上で提供するようになりました。

このような考え方と共通する概念がコグニティブ・コンピューティングです。これは、知的なシステムを作る側の視点から、それに必要な技術を考えていくというものです。ＩＢＭリサーチの白書では、コグニティブ・コンピューティングとは、大規模な学習、目的に基づいた推論、そして人間と自然にやり取りをすることができるシステムを指すとされています。予め人間によりプログラム化されていて決定的に動作する処理とは異なり、蓄えられたデータに基づいて文書や音声、画像など複雑なデータを扱えるようになるということです。これは、毎秒でどれだけの計算ができるかといった数値的な目標や、チューリングテストのようにシステムが人間のように振る舞うかどうかといった基準で評価するのではなく、医療や経済など多岐にわたる実世界の課題に対して貢献ができるかといった観点で有用なシステムを目指して設計していくことを想定しています。

文書・音声・画像・動画など、使えるデータの量は飛躍的に伸びていき、それらを扱うための深層学習の技術が盛んに研究されています。音声認識は人間とほぼ同等に正確になってくるなど、個々の要素技術が進化しています。質問応答の別の形として、1つの文書の中に書かれた意味を理解する「読解」の技術も深層学習により一気に進歩しました。特定の問題を人間よりも高度に解決する機能（例えばクイズ番組で勝利した質問応答システム）が実現したのも大きなことですが、その要素技術を活かして、人間の活動をサポートする仕組みを開発していく基盤が整ってきたことは、人工知能の実用化に向けてさらに大きな可能性を秘めているといえるでしょう。

参考文献

1 David A Ferrucci, (2012). Introduction to “This is Watson”. IBM Journal of Research and Development. 56 (3, 4).

2 ロボットは東大に入れるか。http://21robot.org/

3 David Ferrucci, Adam Lally (2004). UIMA: an architectural approach to unstructured information processing in the corporate research environment. Natural Language Engineering. 10(3), pp.324-348.

4 壁谷佳典、坪井祐太、吉田一星、豊島浩文、岡原勇郎 (2016)「機械学習のビジネス適用事例紹介――電話オペレータ支援と保険支払査定の事例から」『デジタルプラクティス』Vol. 7 No. 4

5 Minwei Feng, Bing Xiang, Michael R. Glass, Lidan Wang, Bowen Zhou (2015). Applying Deep Learning to Answer Selection: A Study and an Open Task, In Proceedings of IEEE Workshop on Automatic Speech Recognition and Understanding (ASRU).

6 John E Kelly III (2015), Computing, Cognition and the future of knowing. Whitepaper, IBM Research,

7 Hiroshi Kanayama, Yusuke Miyao and John Prager (2012). Answering Yes/No Questions via Question Inversion. In Proceedings of Coling 2012, pp. 1377-1392.

8 IBM Watson Developer Cloud:https://www.IBM.com/watson/developercloud/

第4章

脳型コンピュータの可能性

河野 崇（東京大学）

脳神経系は、眼や耳などの感覚器官から入ってくる大量の情報の流れの中から重要な情報のみを効率よく抽出し瞬時に処理して、手足やホルモン分泌器官などの効果器官に適切な指令を送ることで、生物個体あるいは集団を維持しています。その特徴として、たとえばノイズなどの影響で細かなところが異なっている音を聞いてもその意味することを理解できたり、コンテクストや見えている景色などの他の種類の情報との組み合わせによって音の意味を適切に理解したりといった柔軟性、体の状態や周囲の情況を基に次にどう行動すべきか判断する自律性、新しい道具を練習することで使えるようになったり、経験によって判断が多様になったりという適応性などが挙げられます。このような、従来型のコンピュータでは不可能、あるいは消費電力の高い大型コンピュータが必要になる高度な情報処理を、生物個体が作り出せる比較的小さなエネルギーで実行しつづけることができる非常に優れたシステムです。たとえば、最も高度な情報処理のできる脳の1つであるヒトの脳は約20ワットの消費エネルギーであると言われています。ノートパソコンに搭載されているＣＰＵの消費電力と同程度であることを考えるとエネルギー効率が非常に高いことがわかります。自己修復能力も大きな特徴です。脳は特別なメンテナンスなしで長期間、ヒトの場合は１００年近くの間動きつづけます。外傷や脳梗塞などによって一部がダメージを受けても、健常な部位が失われた機能を代償し、脳全体としての機能は維持されます。また、常に新しい神経細胞が作られており、壊れていく神経細胞を補っているということも知られています。

脳型コンピュータは、脳神経系の電気生理学的な特性や解剖学的構造を参考にして脳神経系の優れた特性を受け継ぐ情報処理システムを目指すアプローチです。脳型コンピュータが近年注目を集めている背景には、ＩＯＴ[※1]などのトレンドにより急激に進む情報ネットワークの大容量化とそれに伴う複雑化、高齢化などの社会的構造の変化による生活支援システムへの要請、環境問題による電力消費抑制の必要性などがあります。大規模で複雑なシステムを従来型のコンピュータで構築するためには多大な労力とコストが必要ですし、いったん作った複雑なシステムを停止させずに動作させつづけることは非常に難しく、さらに大きなコス

※1 コンピュータなどの情報・通信機器だけでなく、世の中に存在する様々な物体（モノ）に通信機能を持たせ、インターネットに接続したり相互に通信することにより、自動認識や自動制御、遠隔計測などを行うこと。

トが必要です。現在のコンピュータやネットワークでさえ不具合の全くないものは存在しません。壊れた部品の交換だけでなく、運用中常にアップデートにより不具合修正の作業を続ける大きな労力とコストが不可避になっています。これらの問題を解決し、より大規模なシステムの現実的なコストでの実現、維持を可能とする新しい基盤技術として、脳のように複雑な情報を効率的に処理でき、適応的に処理を改善したり一部が壊れても全体の機能が維持できる脳型コンピュータへの期待が高まっています。また、高度な生活支援システムには、柔軟な認識能力、人間とのコミュニケーション能力に加え、各個人の嗜好などに対応できる適応性が必要とされており、脳型コンピュータの独壇場となることが予想されます。脳の持つエネルギー効率の高さを受け継ぐことにより、情報処理システムの電力消費抑制にも大きな貢献が期待されます。

脳神経系は、多くの種類の細胞が多数相互接続した超並列構造を持つ複雑な組織です。情報処理の基盤になっているのは、神経細胞の細胞膜内外の電位差（膜電位）の活動だと考えられています。神経細胞同士の接続部はシナプスと呼ばれ、ここを介して膜電位の活動がある神経細胞（シナプス前細胞）から別の神経細胞（シナプス後細胞）へ伝えられることで、脳神経系の神経細胞ネットワーク全体での情報処理が実現されています。シナプス前細胞の情報が、どの程度シナプス後細胞に伝わるか（シナプス伝達効率）がシナプス伝達の履歴やホルモンの濃度などによって変化し、脳神経系の情報処理をさまざまに変化させることがわかっています。哺乳類の大脳新皮質など、進化の面から見て新しい脳において、神経細胞の電気活動（本章では今後神経活動と呼ぶことにします）は神経スパイクと呼ばれるパルス状の素早い電位変化を基本「単位」として、その頻度や発生タイミングなどで情報をコードしていると考えられています。アミノ酸などの化学物質の放出と受け取りによってシナプス伝達を行う化学シナプスのシナプス伝達効率が、シナプス前細胞とシナプス後細胞における神経スパイク発生の発生タイミングによって変化するスパイクタイミングに依存した可塑性（ＳＴＤＰ）が、適応性のメカニズムである学習に大きな役割を担っていることが知られています。

ニューロミメティックシステムとニューロインスパイアードシステム

ディープラーニングによる高いパターン認識能力で注目を浴びている人工ニューラルネットワークは、人工ニューロンと呼ばれる素子の相互結合ネットワークで構築されています。人工ニューロンは、ある時間枠内に神経細胞が神経スパイクを生成するかしないか（あるいはその確率）を表現するシンプルなモデルで、結合している他の人工ニューロンの出力（神経スパイクが生成されれば1、そうでなければ0）とシナプス伝達効率を表現するシナプス荷重とよばれる数値との積をすべての結合についてそれぞれ計算、その総和が閾値を越えるかどうかを計算します。閾値を超えていれば次の時間枠に1を、そうでなければ0を出力します。このモデルは１９４０年代に考案され（マカロック・ピッツモデル）、シナプス荷重をどのように決めるか、あるいは、入力情報をみながらどのように変更していくかのアルゴリズムが長らく研究されてきました。近年開発された、多層の人工ニューラルネットワークにおいてシナプス荷重を効果的に変更していくアルゴリズムが、ディープラーニングの優れたパターン認識能力の鍵です。

人工ニューラルネットワークのように、神経ネットワークの情報処理の一面をモデル化した脳型コンピュータを、脳神経系の神経ネットワークにヒントを得たシステムという意味でニューロインスパイアードシステムと呼びます。これに対し、ニューロミメティックシステムは脳神経系の神経ネットワークを模倣することにより、脳神経系の優れた情報処理を可能な限り忠実に再現し、最終的には脳と同等の情報処理の実現を目指すシステムです。その1つが、ＩＢＭのTrueNorthチップで有名になったシリコン神経ネットワークです（**図1**）。これは、神経細胞に対応するシリコンニューロン回路を、シナプスに対応するシリコンシナプス回路を介して相互接続し、電子回路版の神経ネットワークを実現しようとする試みです。神経細胞やシナプスはミリ秒単位の時間スケールで活動していますが、多くの電子デバ

※2 電子回路の分野では一定の幅を持った矩形波のことをパルスといい、信号が脈打つことをパルス状という。

図1　シリコンネットワークチップの特徴と消費電力

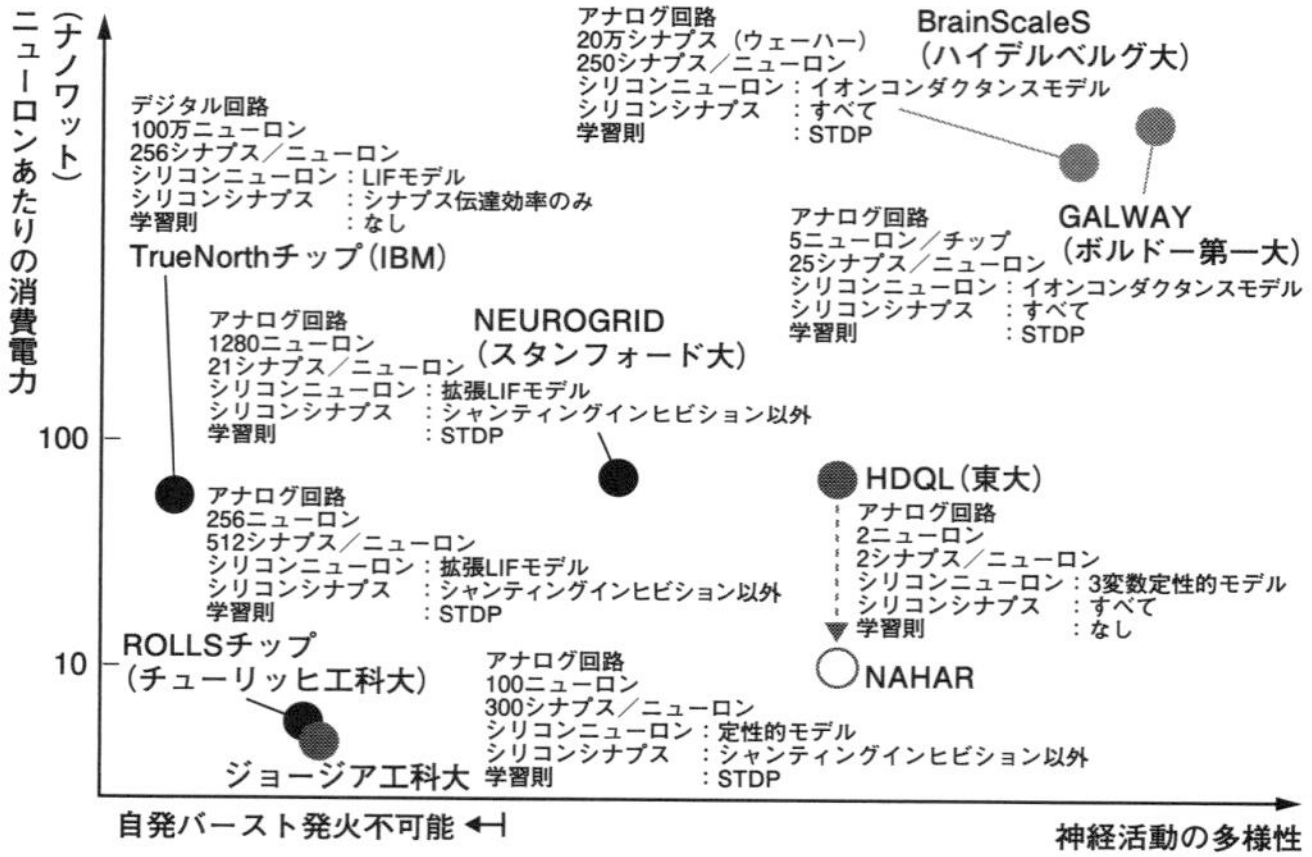

イスにとってこれは非常に低速な動作です。低速動作が許される場合、電子回路の消費電力を非常に小さくすることができるため、多数のシリコンニューロン回路を並列動作させても全体の消費電力を低く抑えることができます。たとえばTrueNorthチップでは、最先端の半導体技術と非同期回路技術を用いて回路の動作速度を極力低く抑えることにより、100万ニューロンのシリコン神経ネットワークを60ミリワット強で動作させています。大脳皮質には約160億個の神経細胞があると言われており、細胞数だけで単純に計算すると、大脳皮質と同規模のシステムが約

1キロワット程度の消費電力で動作することになります。ＩＢＭ以外にもさまざまな研究所や大学でシリコン神経ネットワークの開発が行われています。たとえば、スイス連邦工科大学チューリッヒ校やジョージア工科大学では、超低消費電力アナログ回路技術を用いたシステムが研究されており、これまでに約2～3ナノワット（1ナノワット＝10億分の1ワット）で動作するシリコンニューロン回路が２００～３００個集積されたチップが実現されています。同じように細胞数だけで単純計算すると、大脳皮質と同規模のシステムの動作に必要な電力が約30～50ワットで済むことがわかります。アナログ回路は、TrueNorthチップで用いられているデジタル回路に比べると大規模集積化が難しいというハードルはありますが、消費電力を抑制しやすいため、シリコン神経ネットワークの本命技術として広く研究されています。しかし、ボルドー第一大学で開発されたアナログシリコン神経ネットワークシステムでは、５ニューロンの集積されたチップの消費電力が約５００ミリワットを超えます。しかも、このチップにはシナプス回路が入っていません。また、ハイデルベルグ大学を中心とした研究グループで開発されているBrainScaleSというプロジェクトで開発されているシステムでは、20万ニューロンが集積されたシステムが約1キロワットの電力を消費します。1ニューロンあたりの消費電力（シナプス回路込み）は約5ミリワットです。これらのシステムでは、神経細胞やシナプスとの「互換性」が優先され、低消費電力性が犠牲にされているのです。

神経活動のマスターモデル——イオンコンダクタンスモデル

神経細胞やシナプスとの「互換性」とは、それらの電気活動をどの程度忠実に再現するか、ということです。前述のように、膜電位の変動が脳神経系の情報処理基盤であると考えられています。神経細胞膜は脂質で構成されており、荷電粒子を通さないため、電気容量を持ちます（膜容量）。しかし、神経細胞膜にはイオンチャネルと呼ばれるさまざまなタンパク質が埋め込まれており、これらをイオン粒子が通過することによってイオン粒子の持つ電荷が神経細胞膜を透過し、イオン電流と呼ばれる電流が発生します。イオンチャネルは特定のイオン粒子のみ通過させることができ、たとえばナトリウムイオンを通過させるイオンチャネルをナトリウムチャネル、これをナトリウムイオンが通過することによって発生するイオン電流をナトリウム電流と呼びます。膜容量がイオン電流によって充放電されることによって、膜電位が変化します。逆に、膜電位は神経細胞膜内外の電位差ですので、その大きさによってイオン電流が変化します。多くの神経細胞では、この2つのダイナミクスがちょうど釣り合う状態が存在し、その状態における膜電位を静止膜電位と呼びます。さて、イオン電流の大きさは、膜電位の大きさによって変化しますが、イオンチャネルの「開き具合」によっても変化します。神経細胞膜内外の電位差が一定の場合にどの程度イオン電流が流れるかをイオンコンダクタンスと呼びます。イオンチャネルの一部は膜電位の大きさによってイオンコンダクタンスが変化する（電位依存性チャネル）ため、膜電位、イオン電流とイオンコンダクタンスとの間に複雑な関係が成立します。この関係を微分方程式で表現したモデルをイオンコンダクタンスモデルと呼びます。

イオンコンダクタンスモデルは、膜電位の変動するメカニズムを記述しているため、神経スパイクの発生だけでなく、より複雑で多様な神経活動をよく再現できます。初めて作られたイオンコンダクタンスモデルは、イカの神経細胞膜で神経スパイクが生成されるメカニズムを記述したホジキン・ハクスレイモデルです。1952年に作られたこのモデルを基盤として、呼吸中枢や大脳皮質の神経細胞を含むさまざまな神経細胞のイオンコンダクタンスモデルが作られ、それらの神経活動の再現と、それらを組み合わせた小規模な神経ネットワークの動作の理解に貢献しています。イオンコンダクタンスモデルの欠点は、式が複雑な点です。最も基本的な神経活動である神経スパイクの生成メカニズムを表現するホジキン・ハクスレイモデルでさえ4個の変数を持つ非線形の微分方程式で記述されています。ヒルの心拍リズムを生成する神経細胞のモデルは14個もの変数を持っています。このような複雑な多変数の微分方程式を電子回路で解くためには、複雑で大規模な回路が必要です。集積回路（IC）の製造時には、回路素子1つ1つにランダムな誤差ができてしまう（製造ばらつき）のですが、回路を低電力で動作させる場合は特にその影響が大きくなるという性質があります。したがって、イオンコンダクタンスモデルを解くシリコンニューロンを設計した場合、神経活動をよく再現できる（神経細胞との「互換性」の高い）回路を実現することができますが、多数の回路素子が必要な上、シリコンニューロン回路を多数集積して正しく動作させるためには1つ1つの回路素子に充分な電流を流す必要があるため、全体の消費電力が非常に大きくなってしまいます。また、複雑な神経活動をよく再現するためには、個々のシリコンニューロン回路ごとに製造ばらつきの影響を完全にキャンセルしなければならず、シリコンニューロン回路ごとにこのための専用回路を搭載する必要があります。

シンプルさを重視したインテグレートアンドファイア型神経モデル

では、数ナノワットで動作するシリコンニューロン回路はどのように作られているのでしょうか。ほとんどの回路は、インテグレートアンドファイア（ＩＦ）型モデルと呼ばれる、イオンコンダクタンスモデルに比べて非常に簡略なモデルを解くよう設計されています。ＩＦ型モデルでは、神経スパイクをイベントとして扱い、その生成メカニズムは記述しません。神経スパイク生成というイベントの発生タイミングのみに着目しているため、シンプルな微分方程式で記述できるのです。最もシンプルなＩＦ型モデルである、リーキーインテグレートアンドファイア（ＬＩＦ）モデルは膜電位を表現する変数だけしか持たない1変数の微分方程式で記述できます。このモデルでは、静止膜電位に加え、神経細胞が神経スパイクを生成する場合の最も基本的な性質である、閾値と不応性とを表現します。シナプスを介して流入する興奮性の（正の）刺激電流により膜容量が充電されて膜電位が上昇し、あらかじめ決められた閾値を超えると神経スパイクイベントが発生しますが、閾値を超えなかった場合は徐々に静止膜電位に向かって膜電位が低下します。また、神経スパイクイベントが発生した後しばらくの間、膜電位の値が静止膜電位に固定されますが、これは神経細胞において神経スパイク生成後しばらくの間閾値が上昇する不応性をおおざっぱに表現しています。近年、イジケビッチ（Izhikevich）モデルや適応指数インテグレートアンドファイア（AdEx）モデルなどの、さまざまな神経活動の特徴をとらえた神経スパイクパターンを生成できる優れたＩＦ型モデルが開発され、神経スパイクを用いることによってどのような情報処理が実現可能かを探るさまざまな研究に応用されています。

ところが、ＩＦ型モデルにはいくつか制限があります。イオンコンダクタンスモデルを数学的に解析する研究の発展により、神経スパイクの生成メカニズムは少なくとも2種類あることが明らかにされています。１９４８年にホジキンによって提唱された、神経細胞への継続的な刺激電流入力に対する周期的神経スパイク生成の周波数（発火周波数）の特性に基づく神経細胞分類（ホジキン分類）のクラス1とクラス2と、この2種類のメカニズムとが対応することがわかっているため、本章では、神経スパイクの生成メカニズムもクラス1、クラス2という呼び方をすることにします。クラス1のメカニズムで生成される神経スパイクの形は、刺激電流の大きさによらずほぼ一定です。これに対し、クラス2のメカニズムの場合、閾値をギリギリ超える程度の刺激電流に対しては小さな神経スパイクが、閾値を大きく超える刺激電流に対しては大きな神経スパイクが生成されます（グレーデッド応答）。脳においても、1つの神経細胞が大きな神経スパイクを出す場合と小さな神経スパイクを出す場合があり、神経スパイク大きさの情報がシナプス後細胞に伝達されることが報告されています。神経スパイクをイベントとして表現するＩＦ型モデルではグレーデッド応答は表現できません。グレーデッド応答が脳の情報処理にどのように関わっているかは未解明ですが、ニューロミメティックシステムを実現する上では大きな制限です。また、神経スパイク生成メカニズム自身が、神経スパイクの生成タイミングに大きな影響を与えることが理論、神経生理学の両面から示されていますが、ＩＦ型モデルでこの関係性を再現することも簡単ではありません。

神経活動のメカニズムを抽象的に表現する定性的神経モデル

神経スパイクの生成メカニズムを無視することなく、簡単なモデルで神経活動を表現するにはどのようにすればよいでしょうか。ホジキン・ハクスレイモデルが発表された当時、微分方定式があまりにも複雑だったため、神経スパイクの発生を再現できても、そのメカニズムは明確に説明できませんでした。メカニズムを数学的に解析し、神経活動の原理を明確に説明するために、非線形数学を応用した定性的神経モデリングの手法が発達しました。「定性的」とは、膜電位のスケールや単位などの絶対量は扱わず、イオン電流や膜電位の相互関係のみに着目するという意味です。次元縮約や位相平面解析、分岐解析などの手法を組み合わせることによって、多変数で複雑な式で記述されたイオンコンダクタンスモデルの持つ数学的構造を抽出し、同じ構造を持つ少変数の簡単な微分方程式を作り出すのです。たとえばホジキン・ハクスレイモデルの定性的神経モデルとして、右辺が3次以下のシンプルな多項式で記述された2変数の微分方程式であるフィッツヒュー・南雲モデルが知られています。定性的神経モデルの目的は神経活動の原理を解析することですから、人間にとって理解しやすい多項式で表現されます。多項式を電子回路で実装するために、トランスリニア回路などのさまざまなテクニックが存在するため、定性的神経モデルを直接的に実装することも可能です。筆者らは一歩ふみこんで、シンプルで低電力な電子回路ブロックの理想特性曲線の式を組み合わせることで、同等の数学的構造を構築し、シンプルで低電力なシリコンニューロン回路を実現する手法を提案しました（定性的シリコンニューロン回路）。ＩＦ型モデルに基づいたシリコンニューロン回路における簡略化、低電力化の戦略は、神経スパイクの生成メカニズムの表現をあきらめることでした。これに対し、定性的シリコンニューロン回路では、膜電位やイオン電流の絶対量ではなく、神経活動の定性的性質が脳神経系の情報処理に重要だという仮定をおきます。ＩＦ型モデルに基づいた回路に比べ、回路の簡略さ、消費電力の点ではやや劣りますが、ＩＦ型モデルの持つ制限を解決できます。筆者らが現在開発している、大脳皮質や視床のさまざまな神経細胞の神経活動を再現できる汎用シリコンニュー

図2　化学シナプス

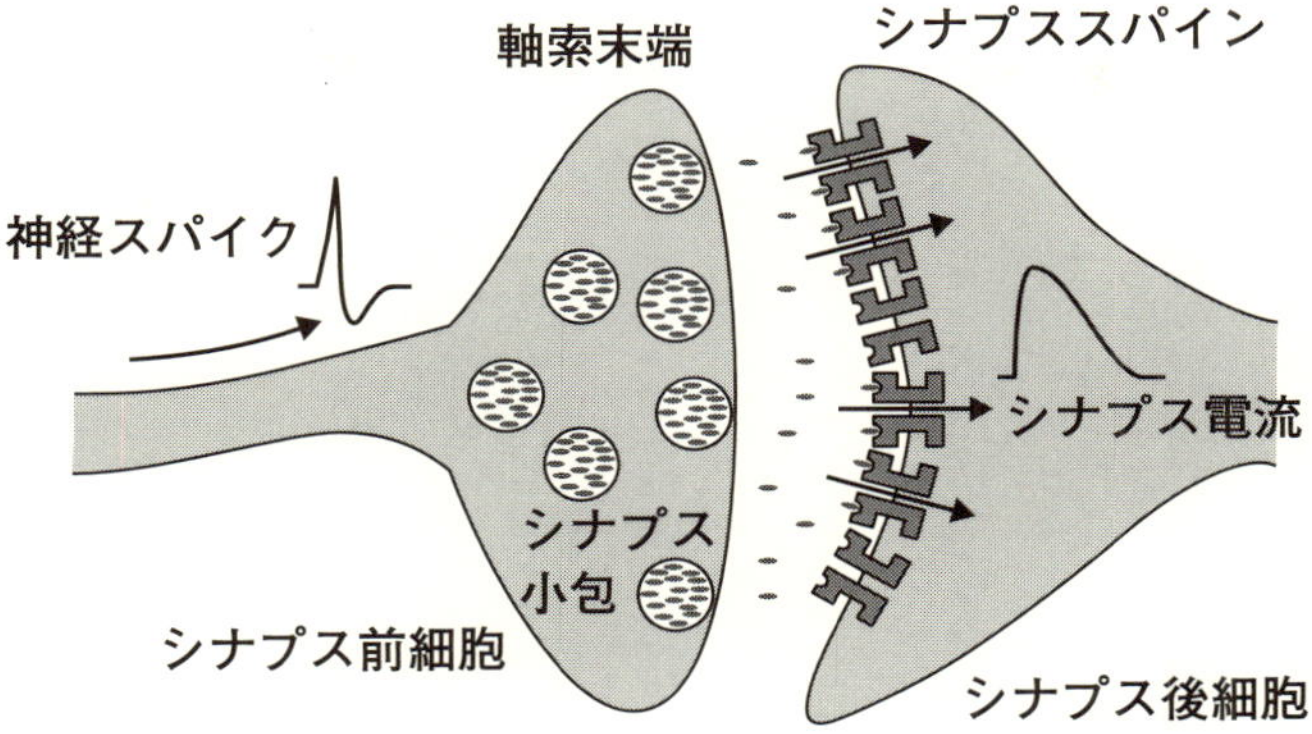

ロン回路は約5ナノワット程度で動作する見込みです。

シナプスと学習のモデル

　さて、神経細胞同士の接続部であるシナプスは、どのようなメカニズムで情報を伝えるのでしょうか。化学シナプスでは、神経細胞の出力端子である軸索末端と、入力端子であるシナプススパインとが組になっています（**図2**）。軸索末端とシナプススパインは接触していませんが、間（シナプス間隙）が非常に狭く、数十ナノメートルほどしか離れていません。神経細胞はたくさんの神経細胞からシナプス入力をもらうために樹状突起と呼ばれる木の枝のように無数に枝分かれした構造を発達させており、そこにシナプススパインが分布しています。哺乳類の脳では、1つの神経細胞に1万個から4万個程度のシナプス入力を持っていると言われています。さて、化学シナプスという名前の由来は、シナプス間隙の情報伝達にアミノ酸などの化学物質を使用する点にあります。軸索末端には、情報伝達に使用する化学物質（化学伝達物質）のつまったシナプス小包と呼ばれる袋がたくさん入っています。細胞体で生成された神経スパイクが軸索末端に到達することで、普段はマイナス70ミリボルト程度の膜電位が最大30ミリボルト程度まで上昇します。膜電位が数ミリボルト以上になると、シナプス小包に入っていた化学伝達物質が、シナプス後細胞のシナプススパインに向けて放出されます。シナプススパインには、化学伝達物質に反応してコンダクタンスの変化するイオンチャネルが存在するため、イオン電流が流れます。このようなメカニズムで、シナプス前細胞の膜電位が電流に変換されてシナプス後細胞へ伝わるのです。この電流をシナプス電流もしくはシナプス後電流と呼びます。

シナプス電流は、化学伝達物質の放出が終わった後、ゆっくりと減少してゼロに戻ります。化学伝達物質に反応するイオンチャネルにはさまざまな種類があり、ゼロに戻るまでの時間はイオンチャネルの種類によって数ミリ秒から、長い場合は数百ミリ秒に達することもあります。このようにゆっくり減少することが、たくさんのシナプス前細胞が生成する神経スパイクの時空間的パターンを区別するために重要な役割を担っていることが示されています。また、シナプス電流は、イオンチャネルの種類によって興奮性の場合と抑制性の（負の）場合があり、それぞれ興奮性シナプス後電流、抑制性シナプス後電流と呼びます。それに加えて、シナプススパイン部分の膜電位を特定の（低めの）電圧に近づけるように興奮性、抑制性が動的に変化する場合もあり、このような現象をシャンティングインヒビションと呼びます。

シナプス電流の量は、放出される化学伝達物質の量によって変化します。シナプス前細胞の生成する神経スパイクが大きい場合、より多くの化学伝達物質が放出されるため、より多くのシナプス電流が流れることになります。つまり、スパイクの発生の有無だけでなく、スパイクの大きさというアナログ的な情報も、シナプスを介して伝わるのです。また、初めの方で説明したように、同じ大きさの神経スパイクによって流れるシナプス電流の量、つまりシナプス伝達効率を変化させる機構も備わっています。どのような条件によって、どのようにシナプス伝達効率が変化するかの規則を学習則と呼びます。シナプス前細胞の神経スパイク生成と、シナプス後細胞の神経スパイク生成とのタイミング差によって、シナプス伝達効率が変化することが、神経生理学の研究で明らかにされています（ＳＴＤＰ）。シナプス前細胞とシナプス後細胞とが神経スパイクを生成したタイミングが近ければ近いほどシナプス伝達効率が高くなる学習則をヘブ則あるいは対称性ＳＴＤＰ則と呼びます。ヘブ則は、ある情報と別の情報とを結びつけたり、空間的なパターンを記憶したりということに使用されていると考えられています。また、シナプス前細胞の神経スパイクの後にシナプス後細胞が神経スパイクを生成した場合にシナプス伝達効率が高く、順序が逆の場合にシナプス伝達効率が低くなる学習則を非対称性ＳＴＤＰ則と呼びます。これは、順序を判別したり時間パターンを記憶したりということに使用されていると考えられています。

シリコン神経ネットワークの現在

このように、神経細胞やシナプスの活動については研究が進みある程度わかるようになってきました。しかし、脳の神経ネットワークにおいて、どのタイプの神経細胞が、どのタイプのシナプスで、どのように接続されているのか、その詳細な構造は、一部を除いてほとんどわかっていません。最近、神経細胞同士がどのように結合しているか、その物理的な構造を網羅的に調べるコネクトーム解読プロジェクトが始まっており、神経細胞同士の物理的結合の地図は将来完成すると期待されています。しかし、物理的な結合上で、どのように電気信号がやりとりされているのかは別の方法で解析しなければなりません。このように脳神経系に関して限定的な情報しか明らかになっていない現状でもさまざまなシリコン神経ネットワークが開発されています。

デジタル回路による大規模ネットワークチップ

最も有名なシリコン神経ネットワークは２０１４年にＩＢＭが開発したTrueNorthチップです。１００万個のシリコンニューロン回路と、２億５６００万個のシリコンシナプス回路とから構築された世界最大規模のシステムでありながら、63ミリワットという低電力で動作します。これは、標準的な携帯電話のバッテリーで40時間以上動作する数値です。このチップでは、１個のシリコンニューロン回路に２５６個のシリコンシナプス回路が接続され、２５６個のシリコンニューロン回路と６５５３６個のシリコンシナプス回路が組になっています（ニューロシナプティックコア）。シリコンニューロン回路は最も簡単なモデルであるＬＩＦモデルを採用し、シリコンシナプス回路はシナプス伝達効率の値だけを扱い、シナプス電流のゆっくりした減衰などの特性は無視しています。シナプス伝達効率の値も、１個のニューロシナプティックコアごとに４種類の値を決めてその中から選ぶ、というように限定するなど、シンプルさを徹底的に追求しています。チップ内の４０９６個のニューロシナプティックコア間で神経スパイクをやりとりするための情報転送システムでは、アドレスイベントトレプレゼンテーション（ＡＥＲ）と呼ばれる神経スパイク情報の転送に適した情報表現と、インターネットでも使用されているパケットを効率的に転送するルーティング技術とを組み合わせて実装しています。スパイク情報の送り先をある程度制限することで、システムをさらに簡略化しています。このようなアーキテクチャ上の努力に加えて、回路構成にも大きな工夫がなされています。最大のポイントは、デジタル回路を採用し、回路の多くの部分に非同期回路を用いたことです。

デジタル回路では、回路素子の出力電圧（電流の場合もあります）に閾値を設定し、閾値より高い領域（Ｈ）と低い領域（Ｌ）との２つにわけ、一方に１、もう一方に０の数値を割り当てて情報を扱います。ノイズなどで電圧が多少変動したり、製造ばらつきで電圧に誤差が発生したりしても、閾値をまたがなければ不具合が起きないため、動作が安定しており、大規模な回路の実現に適しています。このため、現在のコンピュータはほとんどがデジタル回路で作られています。さらに、デジタル回路には同期回路と非同期回路があります。同期回路では、すべての回路素子の状態がクロックと呼ばれる単一の信号の変化にあわせて（同期して）変化します。従って、クロックの変化の頻度（クロック周波数）が高いほど早く計算ができることになります。しかし、すべての回路素子がクロック周波数に追従しなければならないため、すべての回路素子の応答速度を、最も複雑な処理をしている部分の要求に合わせて決める必要があります。電源電圧が高いほど消費電力は高くなるのですが、電源電圧を下げると回路素子の応答速度が遅くなってしまうため電源電圧を下げられません。その上、デジタル回路では回路素子の状態が変化するたびに電力が消費されるため、クロック周波数が高いほど消費電力も高くなります。このように、同期回路では消費電力を抑えることが難しいのです。これに対して、非同期回路では、状態変化が必要な回路素子だけが独自のタイミングで変化するため、応答速度の制約が少なく、電源電圧を下げることができ、消費電力を抑えることが容易です。

TrueNorthチップでは、チップ全体の動作はクロックに同期していますが、ほとんどの処理を非同期回路で行うため、クロック周波数は1キロヘルツと非常に低く抑えられています。携帯電話の回路のほとんどが1ギガヘルツ以上のクロック周波数で動作していますから、その100万分の1以下です。さらに、新しい半導体製造技術（28ナノメートルCMOSプロセス）を使用することで電源電圧も低く抑えているのです。

このようにシンプルなアーキテクチャと先端の回路技術とを組み合わせて構築されたTrueNorthチップですが、シンプルさゆえの制限があります。学習機能が搭載されていませんので、最初に学習則に従ってシナプス伝達効率を決定するコンピュータシミュレーションを行い、決まった値をTrueNorthチップに転送してから目的の処理を実行しなければなりません。また、ニューロンモデルがＬＩＦですので、さまざまな神経活動のうちほんの一部分しか再現することができません。消費電力やシリコンニューロンの数を犠牲にし、シリコンニューロン回路を2つ組み合わせることによりイジケビッチモデルと同等の神経活動を実現できますが、グレーデッド応答が実現できないなどのＩＦ型モデルの限界を超えることはできません。さらに、シナプス電流の持つゆっくりとした減少などのダイナミクスも無視されていますので、時空間的パターンを扱う能力も限られていると考えられます。脳神経系の神経活動を再現する能力は期待できませんが、コンボリューショナルネットワークなど画像解析を行う人工ニューラルネットワークのアルゴリズムを作り込むことで、リアルタイム動画解析を行い、どのような物体がどこに映っているかを判別、追尾することができています。デジタルコンピュータで同じ処理を実行する場合に比べて１０００分の1近く消費電力を落とすことができたと報告されています。TrueNorthチップでは、ニューロミメティックシステムの構築ではなく、人工ニューラルネットワークをより低電力で実行するためのプラットフォームとしての応用が重視されているのです。

アナログ回路による超低消費電力チップ

脳神経系と同じようなミリ秒スケールの速度で動作させる場合、アナログ回路の消費電力を非常に小さく抑えることができます。スイス連邦工科大学チューリッヒ校ではアナログ回路技術を用いたシリコン神経ネットワークチップが開発され、ROLLSと命名されています。ROLLSチップでは、1個のシリコンニューロン回路に512個のシリコンシナプス回路が接続され、チップ全体では256個のシリコンニューロン回路と13万1072個のシリコンシナプス回路とが集積されています。シリコンニューロン回路は、LIFモデルをベースとしていますが、大脳皮質のレギュラースパイキング（RS）細胞および方形波バースティング（SB）細胞と呼ばれるクラスの神経細胞の活動を模倣できるよう拡張されています。シリコンシナプス回路には、興奮性及び抑制性のシナプス電流を生成する2つのタイプの回路が用意され、共にシナプス電流のゆっくりとした減少を実現するための積分回路を備えています。学習のための回路も搭載しています。STDP則を参考に考案された学習則が実装され、学習結果が保持される長期増強（LTP）あるいは長期減弱（LTD）タイプと、一時的にしか保持されない短期増強（STP）あるいは短期減弱（STD）タイプの二種類の回路がそれぞれ6万5536個ずつ用意されています。他のROLLSチップやセンサー、制御用コンピュータなどとAERで情報のやりとりをするためのインターフェース回路（デジタル回路）も内蔵されています。

このチップは少し古い半導体製造技術（180ナノメートルCMOSプロセス）で作られています。アナログ回路では、回路素子の出力電圧や電流の大きさで直接的に情報を表現するため、製造ばらつきによって発生する誤差を極力抑える必要があります。新しい半導体製造技術の方が高価ではあるものの、回路素子を小さく作ることができ、無駄なリーク電流を抑える工夫がされていたり、電源電圧も下げられるなどよいことが多いのですが、回路素子を小さくすると製造ばらつきが大きくなるという性質があるため、アナログ回路では価格差ほどのメリットが得られないのです。アナログ回路では回路素子を小さくできない上、製造ばらつきを抑えるためのさらなる工夫が必要ですし、ノイズの影響も考えなければならないなど、デジタル回路に比べて設計が難しく、たくさんのシリコンニューロン回路をつめこむ（集積度を上げる）ことができません。しかし、物理量を直接使って計算を行うためデジタル回路よりも少ない回路素子数で高速に処理ができるという利点があります。特に、脳神経系と同じミリ秒スケールのような低速動作をさせる場合、回路素子が「オフ」の状態のときに発生する微小な漏れ電流を使って情報を表現する回路（サブスレッショルド回路）の技術を利用することができ、消費電力を劇的に低下させることができます。また、脳神経系において神経細胞やシナプスなどの持つノイズを有効利用して優れた情報処理が行われている可能性が指摘されています。上記のTrueNorthチップには、ノイズを人為的に発生させるための回路が内蔵されていますが、回路素子の物理ノイズの影響を直接的に受けるアナログ回路では特別な回路が必要なく、そのような情報処理を模倣するのに適していると考えられています。

ROLLSチップの消費電力は全体で4ミリワットと報告されているだけで、各回路についての数値は報告されていません。本チップの前身のシリコンニューロン回路は3ナノワット未満で動作すると報告されています。本チップのシリコンシナプス回路は、神経スパイク入力がない間はほとんど電力を消費しませんので、シリコンニューロン回路とシリコンシナプス回路との合計で1マイクロワット（100万分の1ワット）程度の消費電力と推定できます。神経スパイクを処理する消費電力も、類似した回路から推定すると約10から100ピコジュールの間です。各シリコンニューロン回路に対し1秒間に100程度の神経スパイクが入力される場合、全体で3マイクロワット程度未満です。したがって、チップの消費電力のほとんどは、シリコンニューロン回路やシリコンシナプス回路の動作特性を調整するためのパラメータ電圧の生成回路やインターフェース回路でしめられていると考えられます。これらの回路の消費電力は最先端の半導体製造技術を使用することにより大幅に削減できますので、将来大規模なシリコン神経ネットワークを構築する場合には、TrueNorthチップで用いられているような高価な半導体製造技術が使われることになると予想されます。また、本チップでは主要部分がアナログ回路で構築されているため、神経ネットワークの規模の面でTrueNorthチップに遠く及びません。しかし、スルーシリコンビア（TSV）など立体的なチップを作る技術が発展しつつあり、近い将来アナログ回路でも大規模なシリコン神経ネットワークを作ることができるようになると予想されています。

ROLLSチップの応用例として、神経スパイクを特定のパターンで発生させるパターン生成器や、画像弁別器が報告されています。また、本チップの前身のシリコン神経ネットワークを用いて、多数の入力信号の中から最もスパイク頻度の高いものを瞬間的に判定したり、音声信号から話している人を判別したり、という処理が実現されています。後者では、神経スパイクの時間パターンを判別する必要があり、ゆっくりと減衰するシナプス電流の生成能力を備えるシリコンシナプス回路が有効活用されているといえます。ただし、シリコンニューロン回路はＩＦ型であり、特定の神経活動のみしか再現できないため、脳神経系と同等のシステムを構築することはできません。ROLLSチップは、人工ニューラルネットワークの情報処理をベースにしながら、神経スパイクの時間的パターンも利用した低電力な情報処理基盤の開発に貢献すると期待されています。

シリコン神経ネットワークチップの課題と将来

脳神経系に匹敵する情報処理システムの実現には、脳神経系における情報処理のメカニズムの解明が重要ですが、先に説明したように現状では非常に限定的な情報しかありません。では、人工ニューラルネットワークを大きく超える能力を持つ脳神経系に匹敵する情報処理システムの基盤としてのシリコン神経ネットワークはどのように作り始めればよいでしょうか。その指針となるのが「構築による解析」という考え方です。実際に脳神経系の模倣システムを作り、その動作を解析することで、脳神経系の解析に寄与するのです。脳神経系と同じ超並列的構造を持つため、コンピュータシミュレーションに比べて高速、低消費電力です。また、アナログ回路を用いた場合、各回路素子の物理ノイズを利用できるため、デジタル回路を用いた場合のように人為的にノイズを発生させる必要がありません。

「構築による解析」のためのシリコン神経ネットワークは、可能な限りたくさんの神経活動をなるべく正確に模倣することができなければなりません。イオンコンダクタンスモデルを直接的に解く回路はこの要件を満たします。実際、上で触れたBrainScaleSプロジェクトでは、脳全体の高速シミュレーションを目指してイオンコンダクタンスモデルを解く回路によるシリコン神経ネットワークを構築しています。しかし、最初のイオンコンダクタンスモデルであるホジキン・ハクスレイモデルの複雑さのため、最初の定性的神経モデルであるフィッツヒュー・南雲モデルの登場まで神経スパイクの生成原理の解明を待たなければならなかったことを思い出していただけるとわかるように、そのような複雑なシステムは脳神経系の情報処理メカニズムの解析に適しているとは言えません。また、消費電力も高く、回路も複雑なため、脳神経系の情報処理メカニズムの解明後の工学応用でも不利です。

東京大学の筆者らのグループでは、「構築による解析」に寄与することができ、かつ工学応用にも適したシリコン神経ネットワークのプラットフォームを構築するために、定性的シリコンニューロンモデルに基づいたシリコン神経ネットワークを開発しています。ROLLSチップと同様のサブスレッショルド回路技術を用いたシンプルで低消費電力な回路ブロックの特性曲線を組み合わせることにより、さまざまなクラスの神経活動の数学的メカニズムを再現する独自の手法を用いて、3変数の定性的シリコンニューロンモデルを設計しました。このモデルは、大脳皮質のRS細胞とファーストスパイキング（FS）細胞、視床のロウスレショルドスパイキング（LTS）細胞と楕円バースティング（EB）細胞、延髄にあるSB

図3　定性的シリコンニューロンで実現可能な神経活動

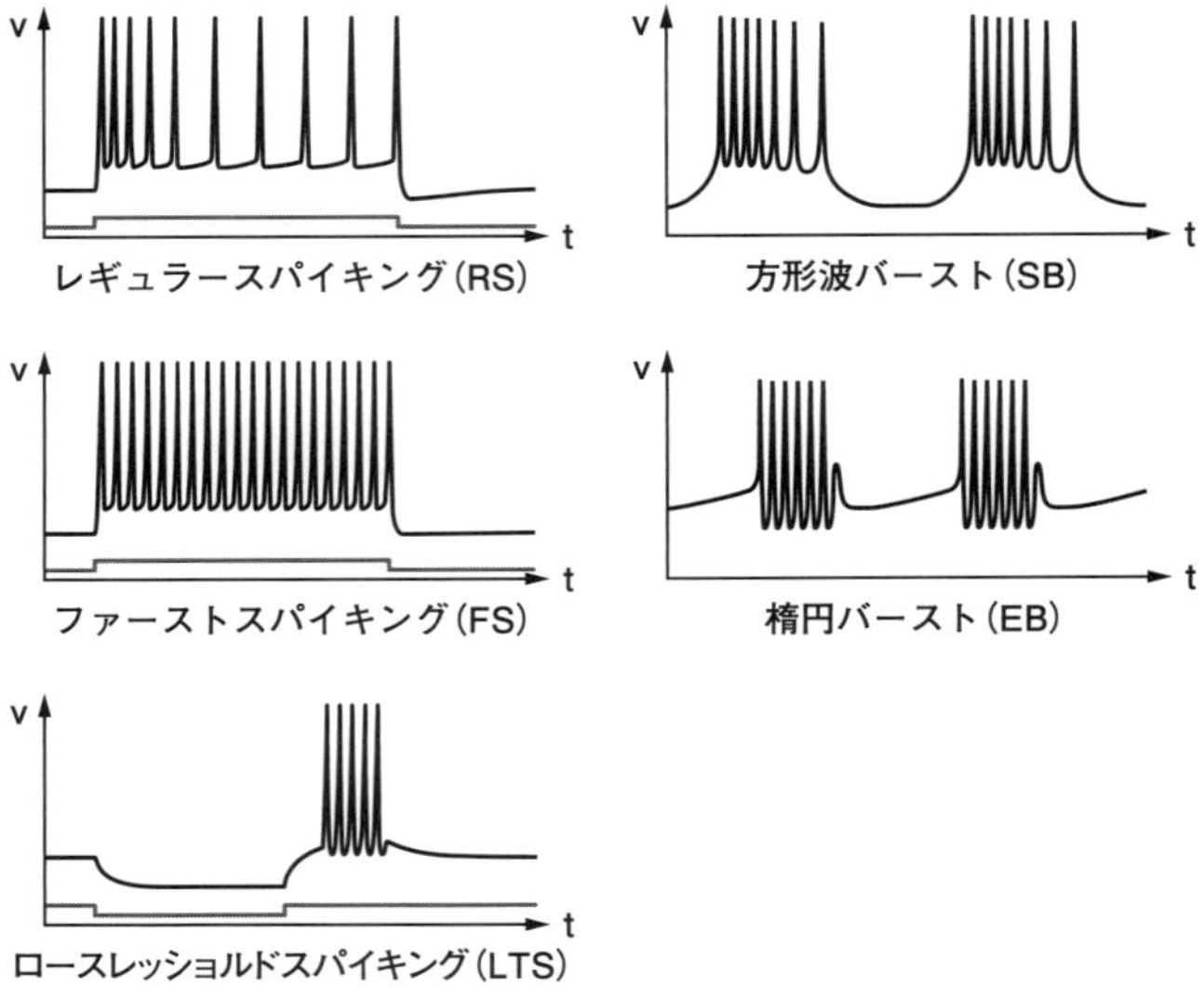

細胞などの神経活動クラスを実現できます（**図3**）。このモデルを古い半導体製造技術（３５０ナノメートルＣＭＯＳプロセス）を用いて実装し、約70ナノワットで動作することを確認しました。さらに、ゆっくりと減衰する抑制性及び興奮性のシナプス電流が生成でき、シャンティングインヒビションも実現可能なシリコンシナプス回路も設計し、２個のシリコンニューロン回路と4個のシリコンシナプス回路とを集積したシリコ

図4　シリコン神経ネットワークチップの写真

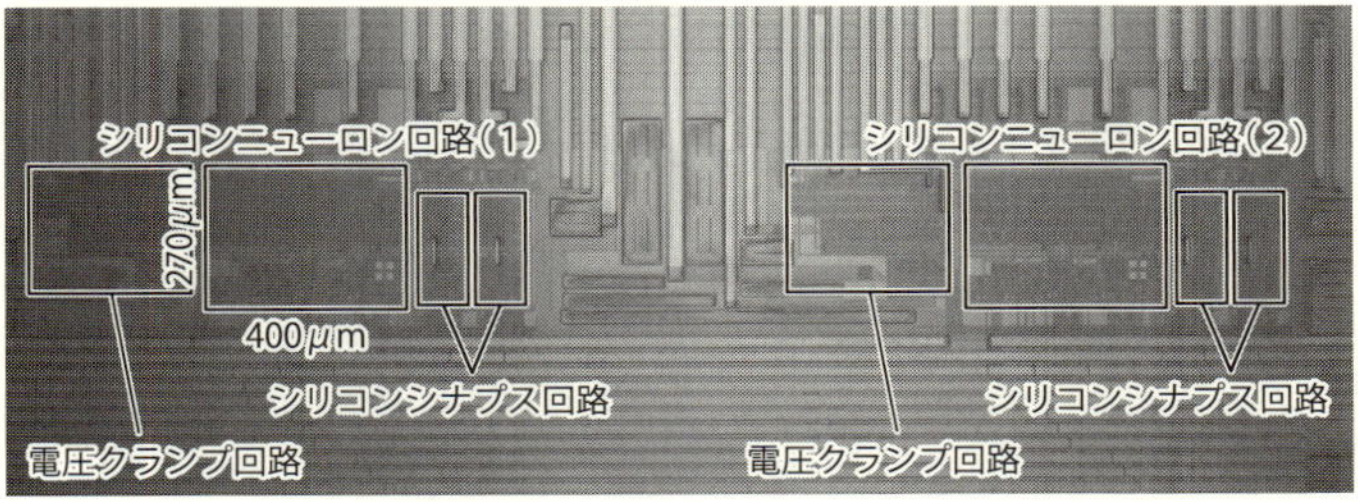

ン神経ネットワークチップを試作しました（図４）。２個のシリコンニューロン回路を共にＳＢ細胞モードに設定、抑制性のシナプス電流を出力するよう設定したシリコンシナプス回路で相互接続し、無脊椎動物の心拍リズムの生成にも使われることのあるハーフセンターオシレータと呼ばれる神経ネットワークを再現することにも成功しています。

　ジョージア工科大のグループは、類似した手法によって２ナノワット未満という超低消費電力で動作する、アナログ回路によるシリコンニューロン回路を２種類開発しています。このグループの強みは、ＳＤカードや携帯電話のメモリなどに使用されているフラッシュメモリの基本技術を応用したアナログメモリ技術にあり、シナプス伝達効率やパラメータ電圧の値の効率よく保持する独自の回路により、３００個のシリコンニューロン回路と3万個のシリコンシナプス回路とを集積したチップを実現しています。ただし、これらの回路はそれぞれ、FS細胞クラスのサブクラスであるホジキン分類クラス1とクラス2という最もシンプルな神経活動のみしか再現できません。複雑な神経活動を再現することの難しさは、回路素子の特性を正確に調整しなければならない点にあります。従来の電子回路設計技術では、製造ばらつきの影響を直接的に受けてしまうアナログ回路で個々の回路素子の特性をそろえることに限界があるためです。この問題に対し、筆者らのグループでは、定性的神経モデルの解析に使用されている分岐解析の手法を応用し、電気生理学実験で使用されるボルテージクランプアンプと同等の回路をシリコンニューロン回路に内蔵することにより、個々の回路素子の特性を効率的に調整する独自手法を開発しました。この手法は、製造ばらつきの影響を排除するだけでなく、目的のクラスの神経活動を再現するためにパラメータ電圧を調整する目的にも使用できます。これが、筆者らのグループのシリコンニューロン回路が多種類の複雑な神経活動を再現できる鍵です。

現在、このシリコンニューロン回路の消費電力をさらに削減し、ROLLSチップやジョージア工科大のシリコンニューロン回路の数値に近づける努力をしています。より低電力で動作する回路ブロックを使用した3変数定性的シリコンニューロンモデルを開発、回路実装が進んでいます。１つのシリコンニューロン回路に１０００個程度のシリコンシナプス回路を接続し、パラメータ電圧保持のためのデジタルメモリ回路とデジタル／アナログ変換回路、学習回路込みで10ナノワット程度の消費電力を目指しています。また、各シリコンニューロン回路に目的の神経活動クラスを再現させるための、パラメータ電圧調整を自動化するアルゴリズムも開発中です。これは、たとえば1万個など多数のシリコンニューロン回路を集積した大規模シリコン神経ネットワークシステムにおいて、１つ１つのシリコンニューロン回路の調整を手動で行うことが事実上不可能だからです。イオンコンダクタンスモデルを直接的に解くシリコンニューロン回路に関しては、差分進化法などの最適化アルゴリズムを応用して適切なパラメータ電圧を自動的に見つける研究が行われていますので、これと同様の手法で実現できると見込んでいます。

第5章

ナチュラル・コンピューティングと人工知能
——アメーバ型コンピュータで探る自然の知能

青野真士（慶應義塾大学）

計算、コンピュータ、知能とは何か？

「計算」とは、既知の情報から未知の有益な情報を得ることを目的とする様々な処理を総称する言葉です。計算を高速に実行する装置が「コンピュータ」であり、コンピュータにより自らの知識を拡大していく技術が「人工知能」であると言うことができるでしょう。現在のほとんどのコンピュータが処理する情報は人間が作り出した記号（デジタルデータ）で表現されています。しかし、自然界にも情報は存在しています。素粒子、原子、分子、高分子、細胞、生物個体などの集団が、相互作用しながら秩序だった振舞いを実現するさまは、それらが互いの状態や周囲の環境条件に関する情報を処理している過程であると見なすことができます。自然現象もまた「計算」であると言えるのです。

では、コンピュータにより、自然界の未知の情報に遭遇し、自らの知識を拡大していくことは可能でしょうか？　コンピュータで自然現象をシミュレーションすることができると、そこから得られる知識は、人間が作り出した記号で表現される言語世界を越えて、自然法則に基づく物質世界の振舞いに直接働きかける力を持ちます。具体的には、未知の化学物質や人工材料などの高速な探索が可能になり、それらの機能の理解や、合成および制御の方法論の開拓が促進され、新しい効能をもつ薬剤や新しい性質をもつ素材などの研究開発が大きく加速されるでしょう。自然現象のシミュレーションは、未知の世界を切り拓く大きな力を秘めているのです。本章では、自然現象もまた計算であると捉えるところから出発する「ナチュラル・コンピューティング（自然計算）[※1]」と呼ばれる新しい研究分野について紹介し、そこから見えてくる人工知能の将来像を探ります。

ナチュラル・コンピューティングを見通しよく説明するための話題として、アメーバ状生物の情報処理原理を抽出したアルゴリズムやコンピュータに関する研究に焦点を当てます。真性粘菌（*Physarum polycephalum*）変形体（**図1**）は、不定形でネットワークのような形状になることもできる単細胞生物です。単細胞生物にしては極めて大きなサイズに成長しますが、体のあちこちに無数の細胞核を有しています。このため、体の一部を切り取ると、その部分も1つの個体として生存することができます。また、複数の個体が接触すると、融合

図1　粘菌アメーバの一個体（単細胞）

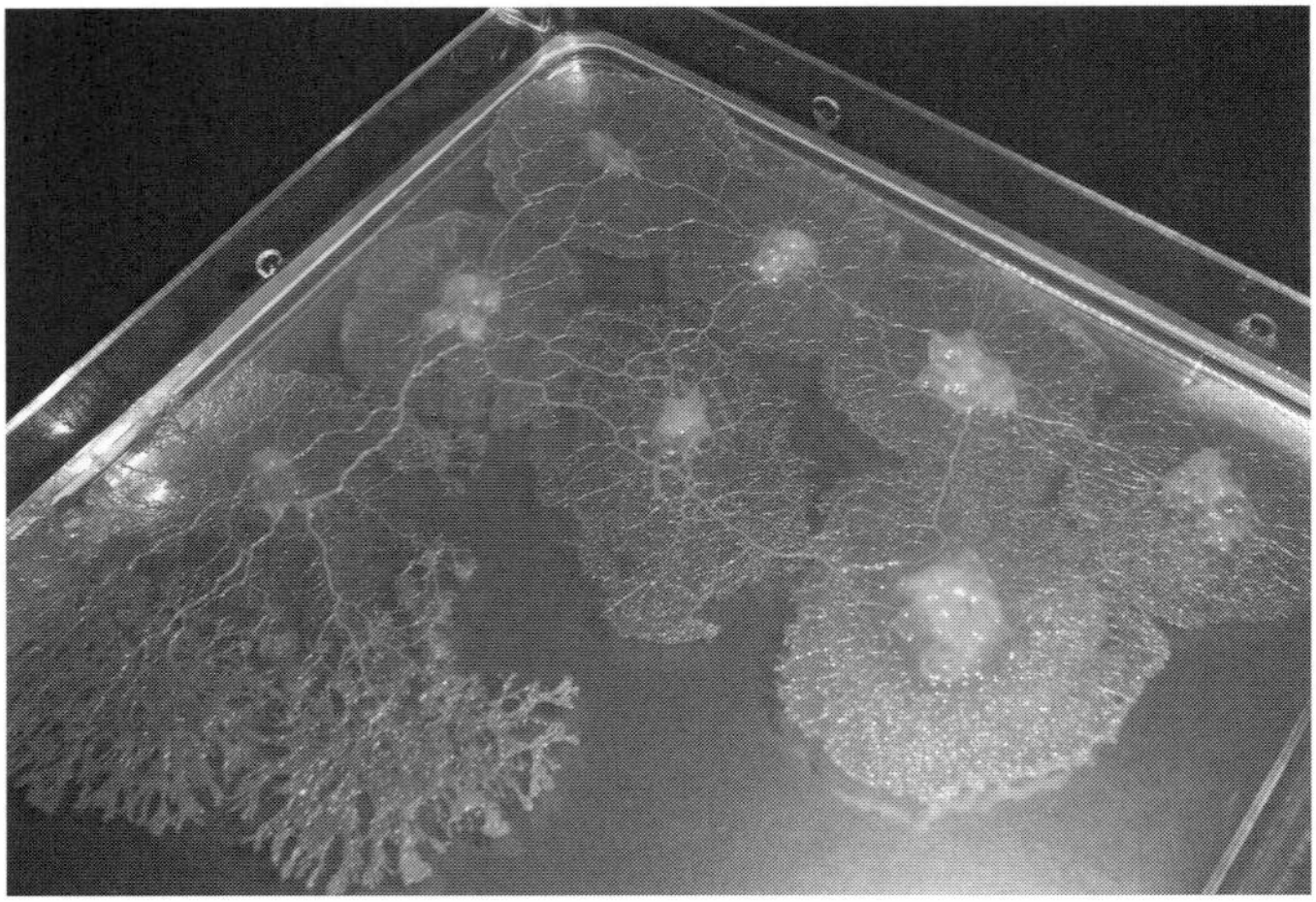

して一個体（単細胞）になります。このように、粘菌アメーバは機能的にも構造的にも均質な部分だけからなるシステムであり、中枢神経系のような中央集権型の情報処理ユニットはどこにも存在しません。にもかかわらず、全体として高度な情報処理機能を発揮することができます。

例えば、複数のエサを空間的に配置すると、粘菌アメーバはそれらを結ぶ最短経路をとる形状に変形することで、栄養物質の吸収効率などの生存に有利になる複数の指標を最適化できるのです。[※2、3] これは、この単細胞生物が環境の情報（エサの位置関係）を処理し、ある種の最適化問題を自律分散的なやり方で解く計算能力を有していることを意味しています。このことから、粘菌アメーバは生物学者のみならず情報科学者、数理科学者、物理学者らの興味を集め、自律分散型情報処理システムの典型例として活発に研究されてきました。細胞もまた「コンピュータ」であり、自ら知識を拡大していく「知能」を持っているとさえ言えるのです。

本章では、生きた粘菌アメーバを使ったコンピュータ（**図2**）を開発する著者らの取組みを紹介し、その計算原理を従来のコンピュータ上で走るソフトウェアとして模倣できるように抽象化したアルゴリズムや、このアルゴリズムを従来のシリコンデバイスとは異なるハードウェアを用いて物理的に実装するコンピュータの研究を概説します。そして、これらのアルゴリズムやコンピュータを未知の自然現象をシミュレーションするツールとして活用する試みを紹介します。こうした話題を通して、「計算」、「コンピュータ」、「知能」といった言葉が本来含んでいる（にもかかわらずまだ多くの人々には共有されていない）広がりに目を向け、そこから拓かれる新しい可能性を展望してみたいと思います。

図2　粘菌アメーバコンピュータ

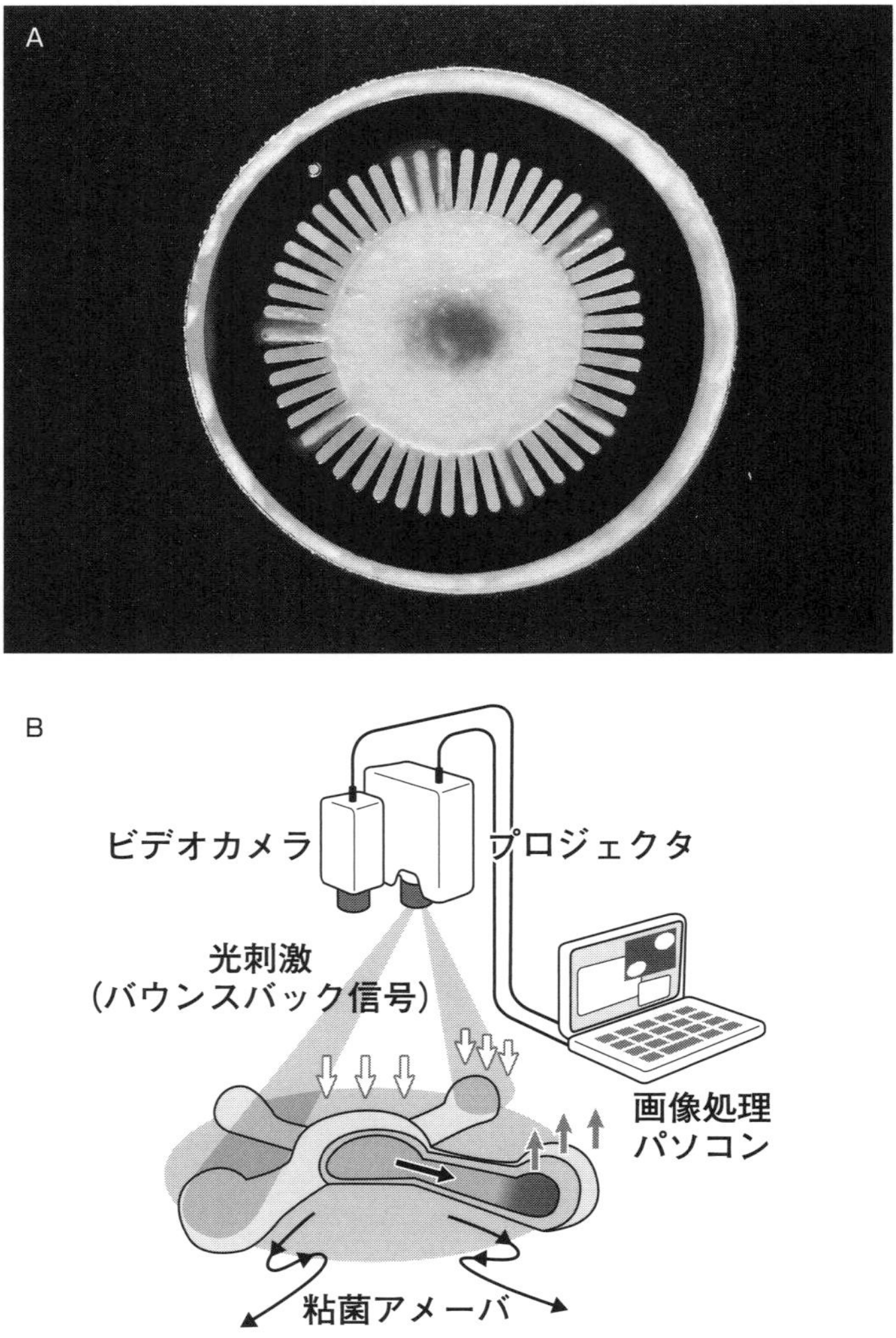

コンピュータの原点 チューリング－ノイマン・パラダイム

ナチュラル・コンピューティングについて説明する前に、その背景となる従来のコンピュータの重要なコンセプトに触れておきたいと思います。現在のコンピュータは、1936年にイギリスの数学者であるアラン・チューリングが提案した「チューリング機械」を基礎としています。[※4、5] チューリング機械は、人間が紙と鉛筆と頭脳を使って計算する様子を形式的な手続きとして抽象化した想像上の機械です。一次元的に0または1の記号を書き込める無限の長さを持ったテープと、このテープ上を左右に移動して1文字の記号を書き込むヘッドからなり、これらが紙に鉛筆で文字を書き込む操作を表現しています。頭脳を表現するヘッドは、自らの内部状態を書き込めるメモリを持っており、メモリから参照する内部状態とテープから読み取る1文字の記号の組合せに応じて、所定の状態遷移規則に従って決まる記号をテープに書き込んだ後、テープ上を右か左に移動し、さらにメモリの内部状態を書き換えるという動作を行います。これらの動作を反復して実行し続け、最終的に内部状態が停止サインという特別な状態に到達したとき、反復実行を停止します。この時点で計算は終了となり、テープには計算結果として出力される記号列が書き込まれているのです。チューリング機械の状態遷移規則と入力記号列を適切に設定すると、加減乗除などの数値演算、論理演算、条件分岐やループ処理など、現在のコンピュータが実行できるような全ての処理を実行することができるのです。

「計算」と呼ばれるような全ての処理はチューリング機械によって実行できるはずであり、チューリング機械によって実行できる全ての処理のことを「計算」と呼ぶことにしようではないか。こうした提唱が1943年になされました。この有名な「チャーチ＝チューリングの提唱」は、形式的な手続きに従って処理を行うどんなシステムを提案しても、それらが実行できる処理内容はチューリング機械によっても実行されるのだと主張しています。これは、これまでに提案された、あるいは、これから提案されるかもしれないどんな情報処理システムも、結局のところはチューリング機械を超える仕事はできないという極めて強い主張をしているのです。この提唱を多くの計算機科学者は支持していますが、未だに断定的な結論は得られておらず、現代でも議論は続いています。※6

チューリング機械の定式化によって生み出された最大のイノベーションは、「万能チューリング機械」のコンセプトです。チューリング機械の状態遷移規則は、1つの演算処理を定義します。例えば、足し算とかけ算を実行できるチューリング機械は、それぞれ異なる状態遷移規則を持つ別の「専用機械」なのです。ところが、あるやり方で上手に状態遷移規則を設定してやると、テープに書かれた入力記号列に応じて異なる処理を同じ機械を用いて実行できるようになるのです。より正確に言うと、全ての可能なチューリング機械を模倣できるような、万能なチューリング機械を構築することができるのです。この万能チューリング機械に処理の内容を伝える入力記号列が、現代のコンピュータの「プログラム」の概念の基礎となっています。

1940年代からジョン・フォン・ノイマンによって開発が開始されたコンピュータは、万能チューリング機械と同等の原理に従っている機械であると言えます。ノイマンは、処理の手順を記号列化して記述するプログラム（ソフトウェア）を記憶装置から読み込むことで、同一の中央処理装置（ハードウェア）を用いて異なる処理を実行できる「ノイマン型コンピュータ」を構築し、高い汎用性をもつシステムを実現しました。それ以前は、処理の手順はハードウェアの電気的配線などの構成により表現されており、異なる処理を実行するためにはハードウェアの構成を物理的に変更する必要があったのです。現代のスマートフォンは、「アプリ」をダウンロードしさえすれば1台で様々なタスクを実行できますが、このコンセプトはノイマン型計算機の提案以来のもので、さかのぼれば万能チューリング機械に端を発しています。現代のほとんどのコンピュータやそれらを組み込んだ情報処理デバイスは、チューリング–ノイマンが創始した計算パラダイムを土台として築き上げられたものなのです。

ナチュラル・コンピューティングの力

チューリング—ノイマン・パラダイムは、ハードウェアとソフトウェアを分離し、両者の開発を分業で進めることを可能にしました。これがその後の高度情報化社会の到来を促した重要な一因になったと言えるでしょう。ハードウェア産業は、半導体デバイスの微細化限界に挑戦し、コンピュータの大容量化と高速化を追求し続けてきましたが、それらがどのようなソフトウェアを実行するためのものなのかを明示的に意識することなく、脇目も振らず技術開発に邁進することができました。

一方、ソフトウェア産業は、開発中のソフトウェアを実行する専用ハードウェアの構成までを含めたトータルなシステムを設計する必要がなかったため、1つのソフトウェアが大量にコピーされ無数の異なるハードウェア上で実行されるプラットフォームを前提としたビジネスモデルが成立し、多様化と高品質化を両立させる形で飛躍的な成長を遂げることができました。こうしたハードウェアとソフトウェアの分業体制が、現在に至る情報通信技術の加速的発展の推進力を生み出してきたのです。

しかし、これからは、個別の用途をもつ無数の小型機器がインターネットに接続されるIoT（Internet of Things）の時代が到来すると言われています。膨大な数の機器に搭載され得るのは、小型で低消費エネルギーのコンピュータチップです。それらは、想定外の環境変化にも適応できる柔軟性を備えている必要があります。こうしたIoT技術が生活に浸透する世界が、依然としてチューリング–ノイマン・パラダイムの延長線上でのみ展開されると考えて良いものでしょうか？

自然界に目を向けると、生命システムはハードウェアとソフトウェアが渾然一体となって環境に適応した振舞いをする小型・低消費エネルギーの「コンピュータ」であると見なせることに気付きます。[※7] その良い例は、タンパク質です（図3）。タンパク質は、100個以上のアミノ酸が鎖状につながった高分子です（図3A）。そこでは、20種のアミノ酸が適切な順番で並べられた配列が重要な情報を保持しています。細胞内液の中で、アミノ酸の配列は長い鎖のような形態のままで漂っているわけではありません。それはエネルギーが最小になるように折り畳まれ（フォールディング）、安定な立体構造を形成します（図3B）。タンパ

図3　タンパク質フォールディング

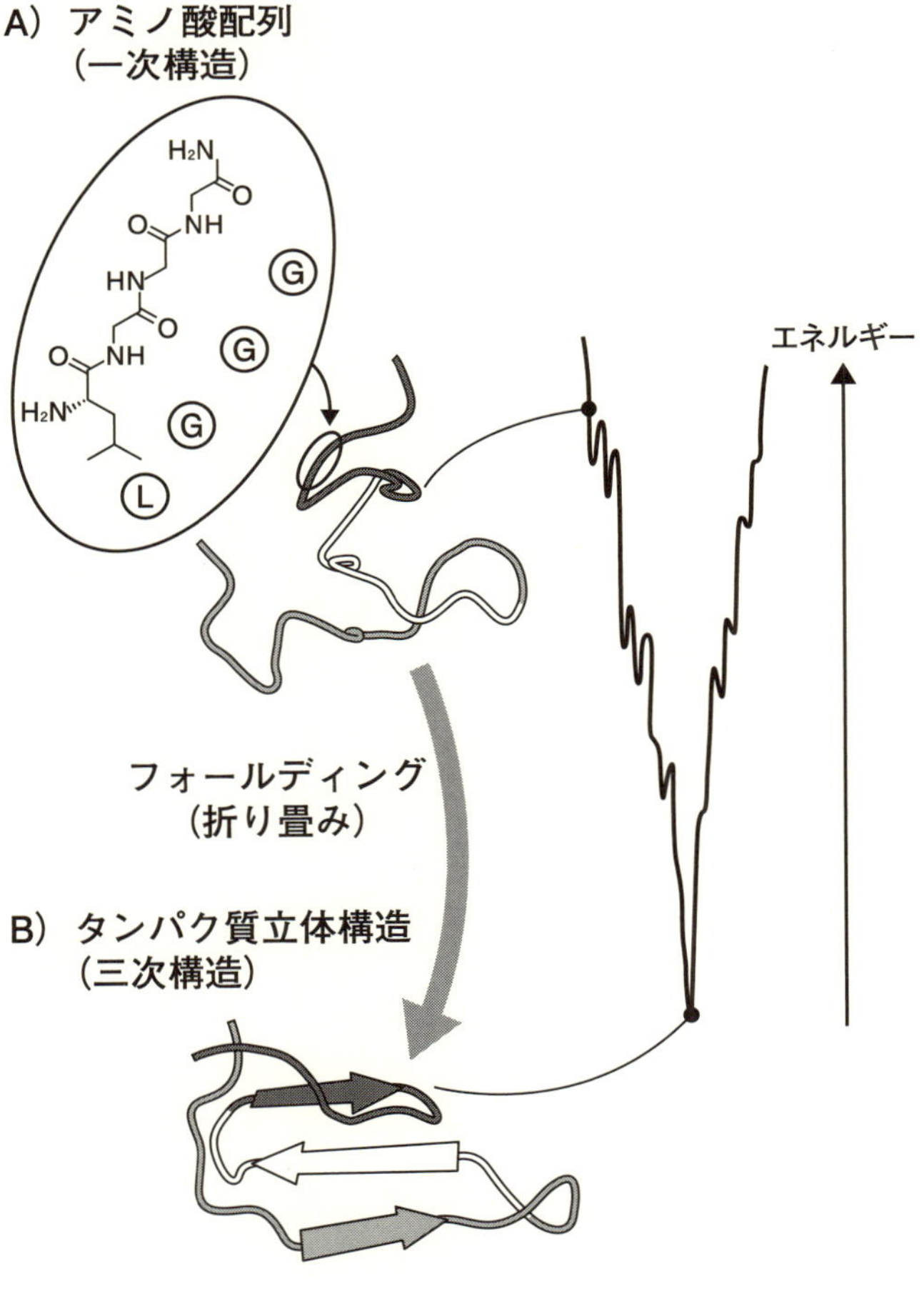

ク質は、様々な立体構造をとることで、生化学的な反応を触媒する機能や、生体の素材として構造を形成する機能を実現しているのです。※8 アミノ酸の配列を変えると、異なる立体構造が形成され、異なる機能がもたらされます。このとき、与えられたアミノ酸配列がどのような立体構造をとるかを予測する問題は「タンパク質フォールディング問題」※9 と呼ばれています。これはスーパーコンピュータを数カ月以上走らせても解けないような難しい問題です。ところが、アミノ酸配列は、スパコンとは比較にならないほど小さなスケールで、圧倒的に低い消費エネルギーで、この問題を数マイクロ秒から数十秒という短時間で解いているのです。

アミノ酸配列は、ソフトウェア（プログラム）のような記号化された配列情報が格納された記録媒体でもあります。その一方で、フォールディング問題の「解」を周辺の分子と協働して高速に探索する計算パワーを持ったハードウェアでもあります。そして、その計算結果であるタンパク質の立体構造は、触媒機能や構造形成機能を発揮することにより、そこで計算を停止させることなく、次なる計算のきっかけを作り続けていくのです。すなわち、タンパク質は、ソフトウェアとハードウェアが分離していない専用マシンであり、言語世界で解釈される記号列を出力して停止するのではなく、物質世界の振舞いに直接働きかける相互作用をもたらし、自ら次なる相互作用の可能性を開き続けていくような「コンピュータ」なのです。このような生命・自然現象に学んだ科学技術が、これからの時代を牽引するのではないでしょうか？　自然現象が有する強大な計算パワーを理解し活用する道を探るところから、チューリング-ノイマン・パラダイムを補完する新たな計算パラダイムが誕生するのではないかと期待されるのです。

ナチュラル・コンピューティング※10は、自然現象を計算過程として観察する立場から出発する新しい研究分野であり、今世紀に入り理論と実験の両面で自然科学と計算機科学の融合研究を活発化させています。そこでは、以下のようなステップを通して新たな計算パラダイムを創成することが目標とされています

(1)　自然現象を計算の観点から観察する

(2)　その観察に基づいて計算モデルを構築する

(3) 計算モデルを分析し普遍化する

(4) 計算モデルを自然現象で再実装することにより計算の可能性を探求する

(5) 普遍化したモデルで自然現象の新たな理解を生む

生命・自然現象の観察に基づいて構築された計算モデルからは、いくつものアルゴリズム（ソフトウェア）が派生しています。※11 代表的なものとしては、生物が突然変異と自然淘汰により優秀な種を生み出していく進化のメカニズムを抽象化し、複雑な組合せ最適化問題などの解を効率的に探索できる手法として広く利用されている「遺伝的アルゴリズム」が挙げられます。※12 同様の問題をエネルギー最小値問題として定式化して解く「焼きなまし法（アニーリング）」は、金属材料が高温状態から徐々に冷却される過程で欠陥の少ない結晶構造を形成する現象と等価なプロセスを表現しています。※11 また、最近の人工知能ブームを支えている「ニューラルネットワーク」は、脳神経系を模した数理モデルの研究からもたらされたモデルであり、学習やパターン認識といった機能を実現する計算手法です。※13

生命・自然現象をハードウェアとして用いる計算手法も提案されています。有名なものとしては、ＤＮＡ分子の集団を組合せ最適化問題の解探索に利用する「ＤＮＡ計算」があり、そこからはＤＮＡ分子をナノスケールの構造体を作る素材として利用する技術や、それらを組み上げてロボットを構築する技術が生み出されています。※14 一方、組合せ最適化問題を「非ノイマン型コンピュータ」により高速に解くことを目指した研究も近年活発化しています。※15、16、17 とくに、「量子アニーリング」と呼ばれる手法を実装したコンピュータが製品化されたことは、世界的なニュースとなり注目を集めました。※17

本章で紹介する「アメーバ・コンピューティング」は、前述の(1)〜(5)のステップを経て発展してきたナチュラル・コンピューティング研究の好例です。※1 第一に、粘菌アメーバの変形行動を光刺激により誘導することで組合せ最適化問題の解を探索させる実験を行い、その計算能力を評価しました。※18、19、20、21 第二に、粘菌アメーバの振舞い、とくにその時空間振動ダイナミクスに基づく解探索プロセスを、数学的にモデル化しました。※22 第三に、より抽象度の高いモデルを構築し、それらが複雑な計算問題の解探索アルゴリズムとして優秀な性能を示すということを見出しました。具体的には、「充足可能性問題」という組み合せ最適化問題※23、24や、確率的報酬を最大化するための意思決定問題である「多本腕バンディット問題[※25]」に対し、高速な解探索能力を有していることを示しました。第四に、これらのモデルを、アナログ電子回路[※26,27]やデジタル電子回路、さらにはナノエレクトロニクス[※28]やナノフォトニクス[※29]の技術を応用したデバイスにより実装できることを示しました。そして第五に、これらのモデルやデバイスが相互作用と揺らぎを活用して解を探索するプロセスが、まさに生命・自然現象のダイナミクスそのものを抽象的に表現しているとの認識から、これらのシミュレーションを通し、計算による自然の理解を目指す研究を進めています[※30]。本章では、こうした一連の研究から得られた知見を概説しつつ、コンピュータを使って自然界の未知の情報に遭遇しようとする最新の試みを紹介したいと思います。

コンピュータと自然現象

コンピュータにより化学物質の合成経路を探索する研究には、半世紀以上の歴史があります。[※31] 1960年代には、既知の反応事例をルール化し、これらを作りたい化合物に適用しながら合成経路を遡っていく「逆合成」の概念が提案されました。[※32] この「経験指向型」のアプローチは、実際性(信憑性)を保証できる反面、未知の反応の探索には不向きでした。いくつかの原子や分子が与えられたとき、それらから生成し得る化合物を列挙して作られる集合を「ケミカルスペース(化合物空間)」と言いますが、未知の反応はケミカルスペースを探索することを通して発見することができます。1970年代に提案された「論理指向型」のアプローチでは、反応部位の結合の組換え(電子の移動)が抽象的にパターン化され、逆合成により論理的に可能な全ての前駆体を含むケミカルスペースが網羅されました。[※33] これにより、未知の反応の提案が可能となりましたが、そこで列挙される多数の反応候補のうち、どれがどのくらい信憑性が高いかを定量的に重み付けすることができなかったため、実際性に関する情報を提供しにくいという弱点がありました。1980年代から90年代にかけて、経験指向型の実際性と論理指向型の網羅性を兼ね備えた探索を、有機反応データベースから抽出された知識ベースが提供する定量性を手掛かりに実現しようとするアプローチが提案されました。[※34]このアプローチの有用性は、データベースの質と量に左右されます。このため、実用的なレベルに達する結果を得るには、データベースに信頼できるデータが十分な件数だけ登録されるのを待たなければなりませんでした。

こうした歴史を経て、最近はビッグデータ時代の到来を背景に、巨大となったデータベースを利用した合成経路探索の新たな可能性に注目が集まり始めています。[※35]しかし、これらのアプローチでは、化学反応のダイナミクスを理解するために重要である「反応速度」、すなわち、時系列に関する情報を定量的に提供できるようなシミュレーションを行うことが難しかったのです。この点で、未知の自然現象に遭遇するための計算手法としては依然として不十分でした。

自然現象のシミュレーションに用いられることが多い「分子動力学法」は、空間中の多数の原子や分子などを粒子として扱い、それらの引力や斥力による集合や離散のダイナミクスを記述します。しかし、それ自体では原子同士が結合したり切断したりする振舞いを扱えず、化学反応を表現することはできません。これは未知の化学物質が生まれることがない状況を考えていることを意味するので、この手法でシミュレーションできる自然現象は限定的なものになります。

化学反応のダイナミクスは、反応式と反応速度が既知であれば、反応物と生成物の濃度が変動する様子を記述する連立常微分方程式に基づくシミュレーション手法が有効です。ただし、反応式が未知のとき、すなわち、どのような化合物が生成されるか分からない状況では、そもそも方程式を立てることができません。未知の反応を扱うことができるのは、量子化学の第一原理であるシュレーディンガー方程式を数値的に解き、多数の原子の電子状態を計算する手法です。※37 これは、既知の第一原理だけを前提として未知の自然現象を予測しようとするアプローチであると言えます。こうした「第一原理計算」と分子動力学法を組み合わせた「QM／MM法」が1970年代に提案され、計算化学を前進させる大きなインパクトを与えました。そして、その功績に対し、2013年ノーベル化学賞が授与されています。

しかし、第一原理計算を援用する手法の計算量は、系の規模（原子の個数など）の指数関数

（近似計算の場合でも三次関数）のオーダーで急速に成長します。このため、現在最速のスーパーコンピュータを用いても、アボガドロ数オーダーの原子を含むマクロな系のシミュレーションを現実的な時間内で実行することは難しいのです。これは、今後スパコンが数桁の性能向上を実現したとしても立ちはだかる深刻な課題です。

本章では、未知反応のシミュレーションに要求される計算コストの問題に対する新しいアプローチとして、著者らがこれまでに開発してきた高速な組合せ最適化アルゴリズム「アメーバ型アルゴリズム」を援用する計算手法[※30]を紹介します。これは、ケミカルスペースを「旅する」試みです。すなわち、ケミカルスペースにどのような化合物が存在し得るのかを探索し、それらが他の原子や分子と相互作用してどう変化し得るかを推測し、それらの変化がどのくらいの速度で起こり得るのかを定量的に評価することによって、あり得るいくつもの化学反応経路を仮想的にたどるのです。

アメーバ・コンピューティング

粘菌アメーバコンピュータ

著者らは、寒天培地上に設置された複数の溝を持つ障壁構造の中で、粘菌アメーバの複数の足（部分）が伸びたり縮んだりできるようにし（図2A）、それらが忌避応答を示す光刺激を照射できる制御システムを構築しました（図2B）。粘菌は寒天培地に含まれる栄養物質の吸収量を最大化したいので、基本的には全ての足を伸ばすことにより、体面積を最大化しようとする性質があります。しかし、嫌光性をもっており、光を照射されると足を縮めます。そこで、粘菌の形状（足の伸縮状態）に応じてどの溝に光を照射するかを決定するフィードバック制御を導入します。[※18] 光照射の決定規則を適切に設定すると、粘菌アメーバは体面積を最大化しつつ光被照射リスクを最小化できる組合せの足だけを伸ばそうと、全ての足を同時並行的に伸び縮みさせることで試行錯誤を反復し、その過程で組合せ最適化問題の解を探索することになります。

「巡回セールスマン問題（Traveling Salesman Problem; TSP）」とは、N個の都市と各都市間の移動距離を定めた地図を与えられたセールスマンが、全ての都市を一度だけ訪問して出発都市に戻る巡回ルートのうち、ルート長が最短になるものを求める問題です。TSPは、組合せ最適化問題の中でも特に難しい問題（NP困難問題）として有名です。都市数Nの増大に伴い、解候補（巡回ルート）の総数(N−1)!/2は急激に成長し、組合せ爆発を引き起こします。**図2**のシステムにおいて、N^2本の溝を持つ障壁構造を用意し、光照射の更新規則として「ホップフィールド型ニューラルネット」と呼ばれるダイナミクスを採用すると、粘菌アメーバはN都市のTSPの準最適解を表現するN本の足だけを伸ばした形状に変形し、その形状を安定化できることがわかりました。[※19]

この「粘菌アメーバコンピュータ」において、粘菌アメーバの複数の足やそれらのハブとなる部分は、そこで発生する複雑な時空間振動ダイナミクス[※19,20]により、光照射の経験（頻度）を記憶し、光刺激応答の適切な揺らぎを生成する役割を担います。実際、ハブ部分を分断する対照実験を行うと、解の質と探索時間が著しく劣化しました。[※21] このことから、粘菌アメーバが担っている時空間ダイナミクスをこのシステムの制御に用いられているダイナミクスとつなぎあわせることで、組合せ最適化問題に対する解探索性能を顕著に向上させることができるという知見が得られました。

アメーバ型アルゴリズム

著者らは、「粘菌アメーバコンピュータ」の研究から得られた知見をもとに、「充足可能性問題（Satisfiability Problem; SAT）」という組合せ最適化問題（**図４**）の解を高速に探索できるアルゴリズム「AmoebaSAT」を定式化しました。[※23] SATとは、複数の論理的制約条件を満たすように論理変数 x_i ($i \ni \{1, 2, \cdots, N\}$) に真偽値（1または0）を割り当てられるかを判定する一種の制約充足問題です。[※36] **図４A**の問題例の解は、解$_1$、解$_2$、解$_3$（**図５A、B、C**）の3通り存在します。SATの解候補の数は変数の数Nに対し指数関数的（2^N）に増大し、TSPと同様に、組合せ爆発を起こします。そして、NP完全問題であるSATを多項式時間で解くアルゴリズムは知られていません。したがって、どんな高速なSATソルバーを使っても、解探索には指数関数時間かかることを覚悟しなければなりません。

図4　充足可能性問題（SAT）を解くアメーバ型アルゴリズム

論理和∨
OR
（または）

x_i	x_j	$x_i \vee x_j$
0	0	0
0	1	1
1	0	1
1	1	1

論理積∧
AND
（かつ）

x_i	x_j	$x_i \wedge x_j$
0	0	0
0	1	0
1	0	0
1	1	1

否定¬
NOT

x_i	$\neg x_i$
0	1
1	0

A）

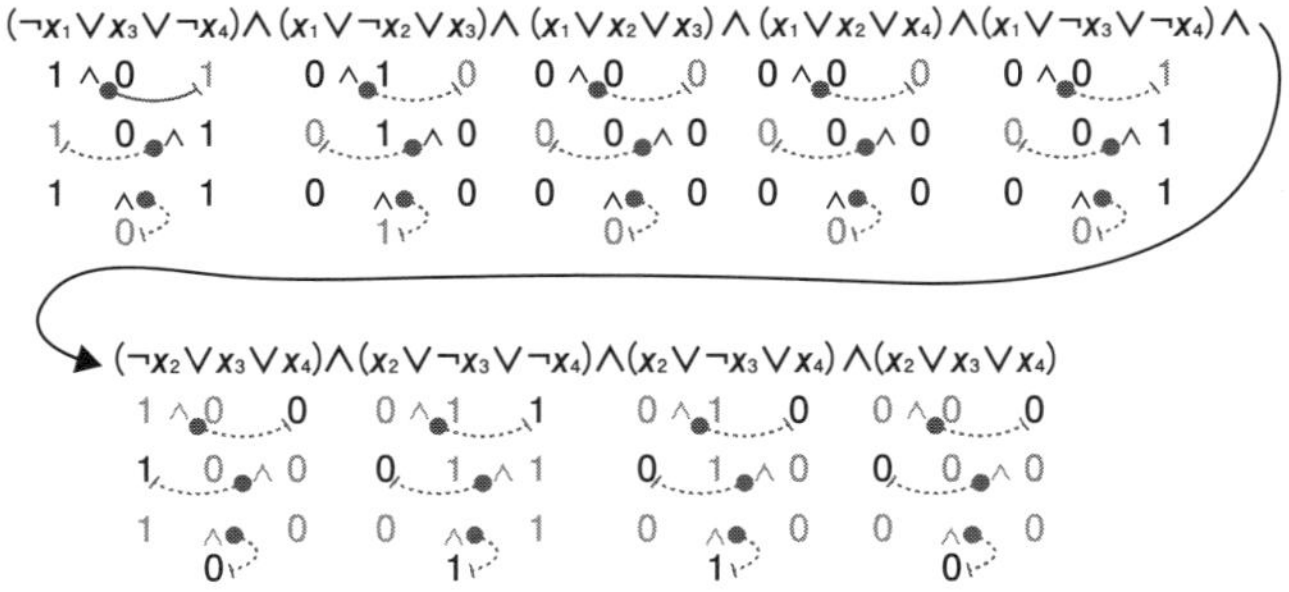

B）

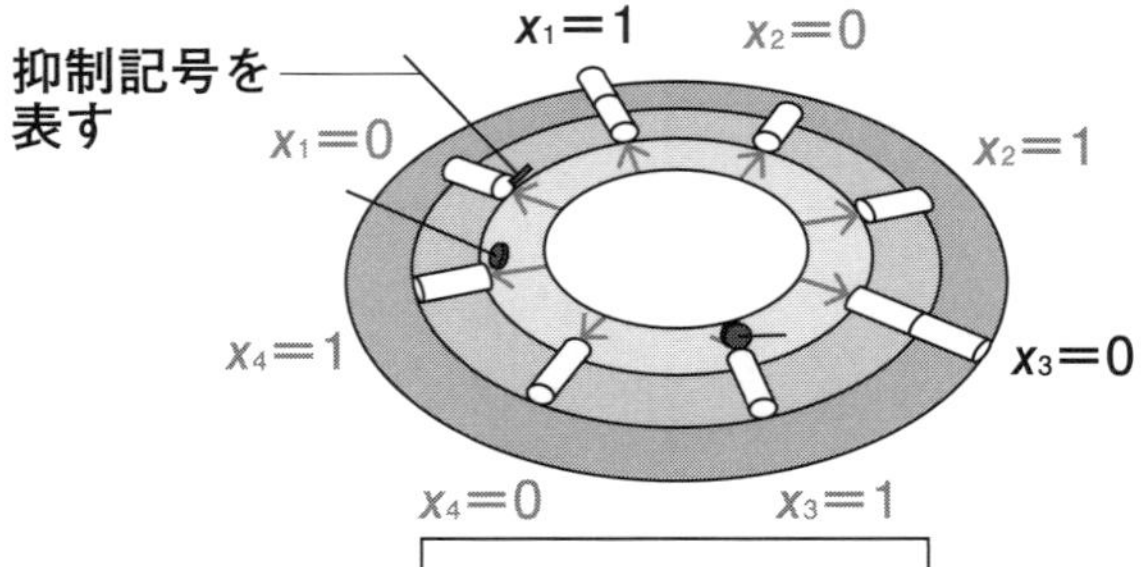

非解：$x_1=1$，$x_3=0$

図5 アメーバ型アルゴリズムのSAT解探索ダイナミクス

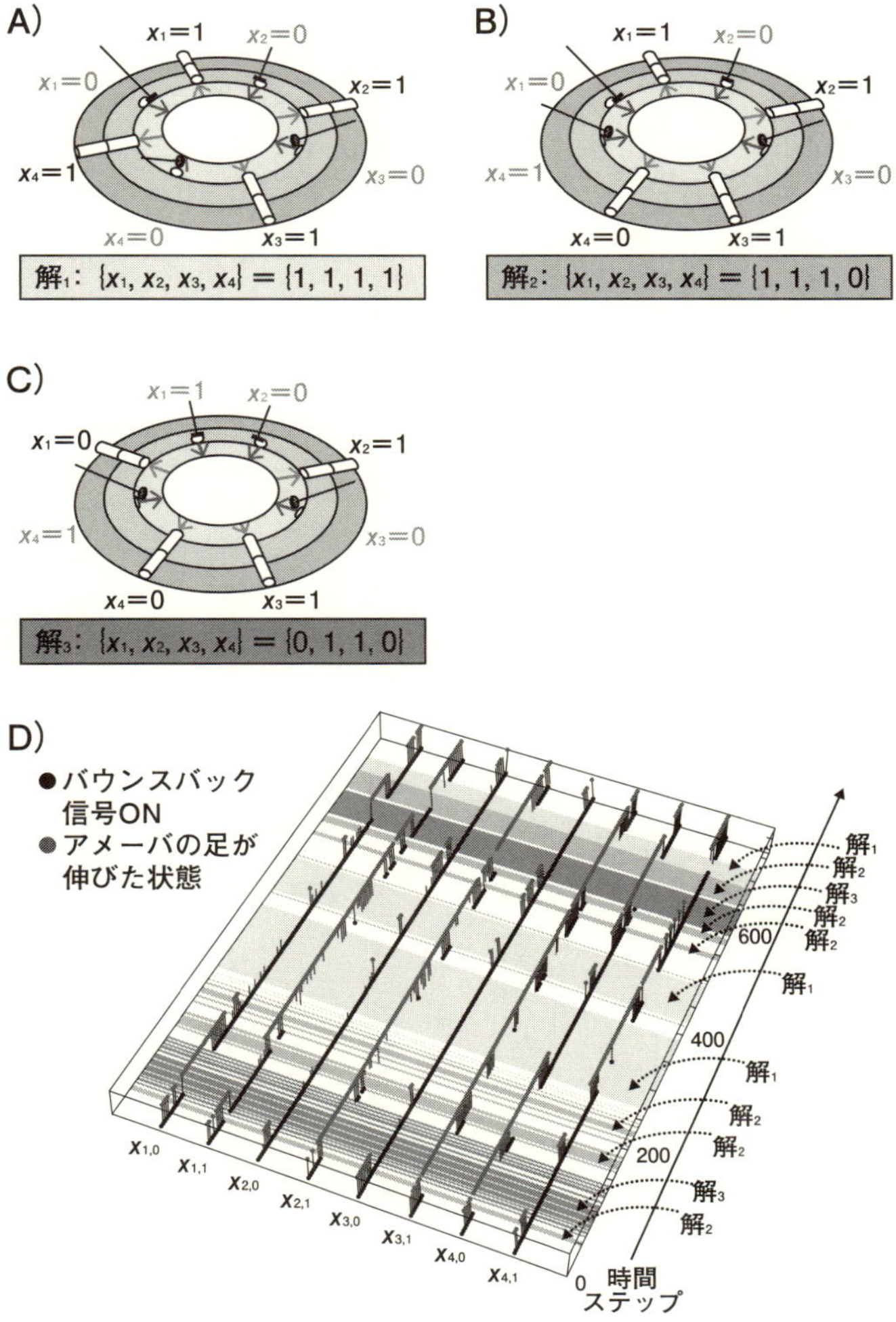

AmoebaSATは伸び縮みするアメーバの足に相当する2Nのユニットを持ち、それぞれが変数x_iの真偽値$x_i=v$（$v=0$または1）に対応づけられます（**図４B**）。各足は「バウンスバック信号」と呼ばれる抑制信号が適用されるとき縮退します。もちろん、バウンスバック信号は粘菌アメーバにとっての忌避刺激である光照射のアナロジーです。バウンスバック信号が適用されないとき、アメーバの足は原則として伸長しますが、一定の確率で伸長しない「揺らぎ動作」が発生するように設定します。この揺らぎ動作の存在が、解探索にとっては決定的に重要です。**図４B**では、$x_1=1$と$x_3=0$の成立を表す2本の足だけが伸びています。このとき、**図４A**の最左条件は、$x_4=1$が成立すると充足できなくなってしまいます。そこで、この望ましくない$x_4=1$の足の伸長を禁じるバウンスバック信号を適用します（抑制記号）。**図４B**では$x_1=0$と$x_3=1$の足にも信号が適用されていますが、これはそれぞれ$x_1=1$と$x_3=0$に矛盾する選択を排除するためです。こうした方針に従い、全ての制約条件について「バウンスバック規則」が生成されます（**図４A**抑制記号）。

AmoebaSATのダイナミクスは、望ましくない状態遷移をバウンスバック規則に従って禁じられる環境下で、全ての足が同時並行的に伸び縮みすることで、試行錯誤を反復しながら解を探索する過程です。そして、バウンスバック信号が適用されない全ての足が伸びた状態を維持できる安定状態（図5A、B、C）に到達したとき、SAT解が発見されるのです。バウンスバック規則は不正解に関する部分的な既知の情報であり、それらに抵触しない足の伸ばし方が発見されるとき、全体的に整合性のとれた未知の正解が得られます。したがって、アメーバ・コンピューティングは、既知の断片的な不正解の否定を通して未知の正解に遭遇しようとするアプローチであると言うことができるでしょう。

AmoebaSATの解探索性能を従来の確率的局所探索アルゴリズムと比較すると、制約条件をランダムに生成して構成される問題例について、圧倒的に少ない反復回数で解に到達することがわかりました。[※24] 従来のアルゴリズムは、毎回の反復処理で1つの変数の真偽値を更新する「逐次処理」を行います。これは、テープ上の一文字の記号を書き換える動作を反復実行するチューリング機械と同等の原理に基づくノイマン型コンピュータによる実装に適していますｰ。これに対し、AmoebaSATは、運動法則に基づき複数の末端部を相互作用させながらら、毎回の反復処理で複数の状態を同時に更新する「並行処理」を行います。このため、1回の反復処理で状態空間中のより遠方へとより短時間で移動できます。この特長が高い解探索能力をもたらしていると考えられます。したがって、AmoebaSATを物理的に実装し、自然現象の並行性を活かして反復処理をより高速に実行できるハードウェアを開発できれば、ノイマン型計算機で従来のアルゴリズムを走らせるより圧倒的に短時間でＳＡＴ解を探索できる可能性があります。

アメーバ型コンピュータ

AmoebaSATは、そのまま電子回路化して表現できるため、半導体集積化技術を活かして大規模の問題を解くことができるという特長があります。北海道大学の葛西誠也教授のグループは、複数のコンデンサを並列接続してアメーバを表現し、[※26] アナログ電子回路によりＳＡＴ解を探索できることを実証しています。[※27] また、デジタル電子回路であるＦＰＧＡ（Field Programmable Gate Array）によりAmoebaSATを実装し、複数の解を探索できることも確認されています。

図6　電子ブラウン・ラチェットを用いるアメーバ型コンピュータ

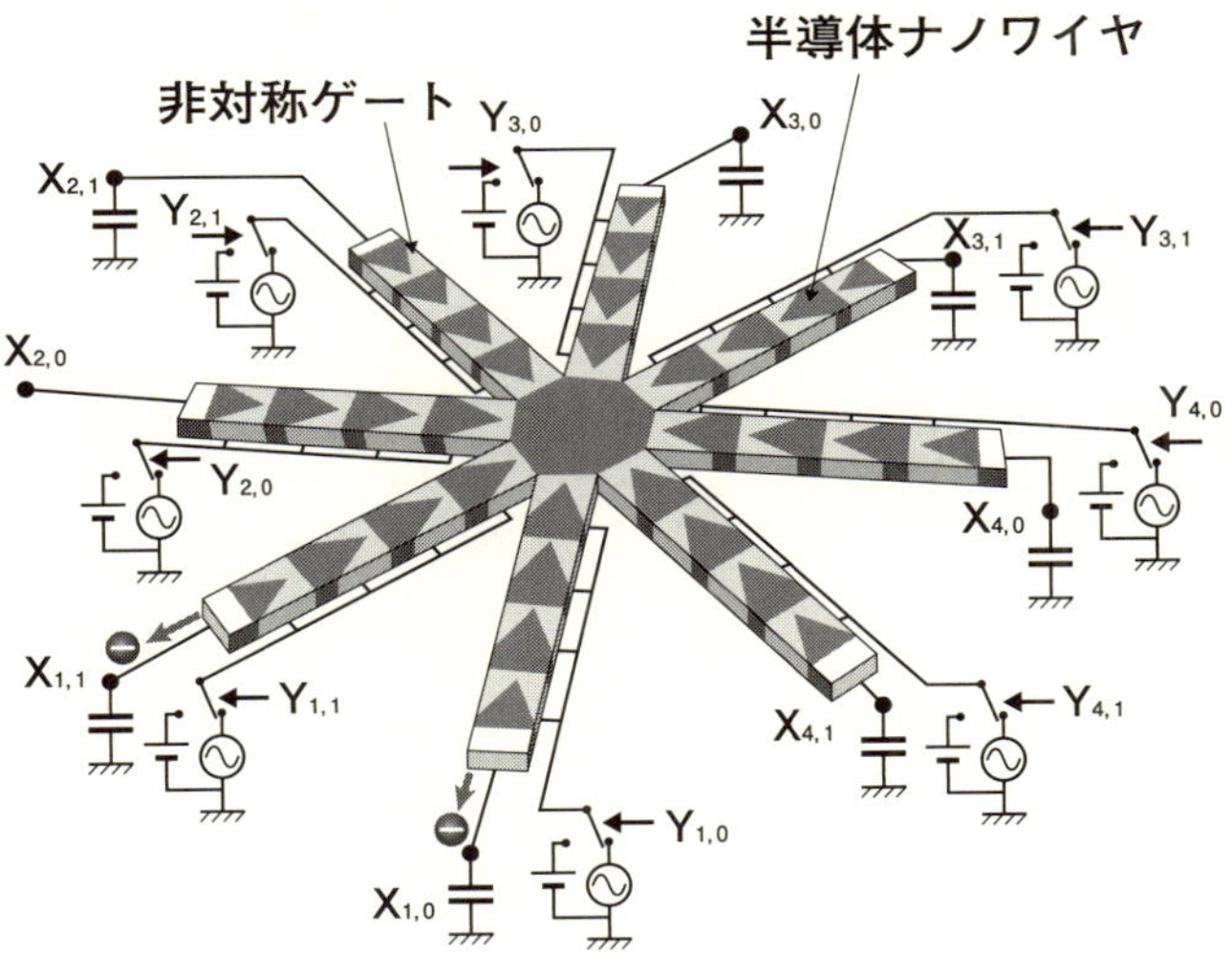

葛西グループは、自然界の熱雑音を利用して確率的な揺らぎ動作を実現する「電子ブラウン・ラチェット」と呼ばれる半導体ナノワイヤ素子を開発しており、このデバイスを用いてSAT解を探索するシステムを構築する研究を進めています（図6）[※28]。このシステムでは、バウンスバック信号がOFF状態の時は電子ブラウン・ラチェットにフラッシング電圧を印加し、電流を流します。ただし、熱雑

音の影響により、流れるべき電流が一定の（低い）確率で流れない事態が発生します。こうした揺らぎ動作が、局所最適解を避けるためにはむしろ必要になるのです。一方、バウンスバック信号がON状態の時は電圧を印加せず、電流を流しません。電子ブラウン・ラチェットの先には、キャパシタンスが接続され、流れてくる電流が充電されます。充電により電圧が上がり、ある閾値《しきいち》を超えた時はアメーバの足が伸びた状態、超えない時は縮んだ状態と見なします。これらの状態を読み取り、SATの問題例に応じて生成されるバウンスバック規則に従い、制御信号のON／OFF状態を更新します。そして、状態更新の反復を経て安定状態に達したとき、SAT解が得られます。この「アメーバ型コンピュータ」は、従来のシリコンデバイスが熱雑音を正常動作の障害になり得るものとして排除してきたのとは対照的に、熱雑音を電流を流すためのエネルギー源として、さらに、確率的動作のための揺らぎ源として活用するという発想の転換により、消費エネルギーの大幅な低減をはかっています。こうした利点を生かし、将来、小型・低消費電力のアメーバ型コンピュータチップを携帯端末などに組み込んだり、機械学習手法と組み合わせたりすることにより、現在は予想もつか

図7　量子ドットを用いるアメーバ型コンピュータ

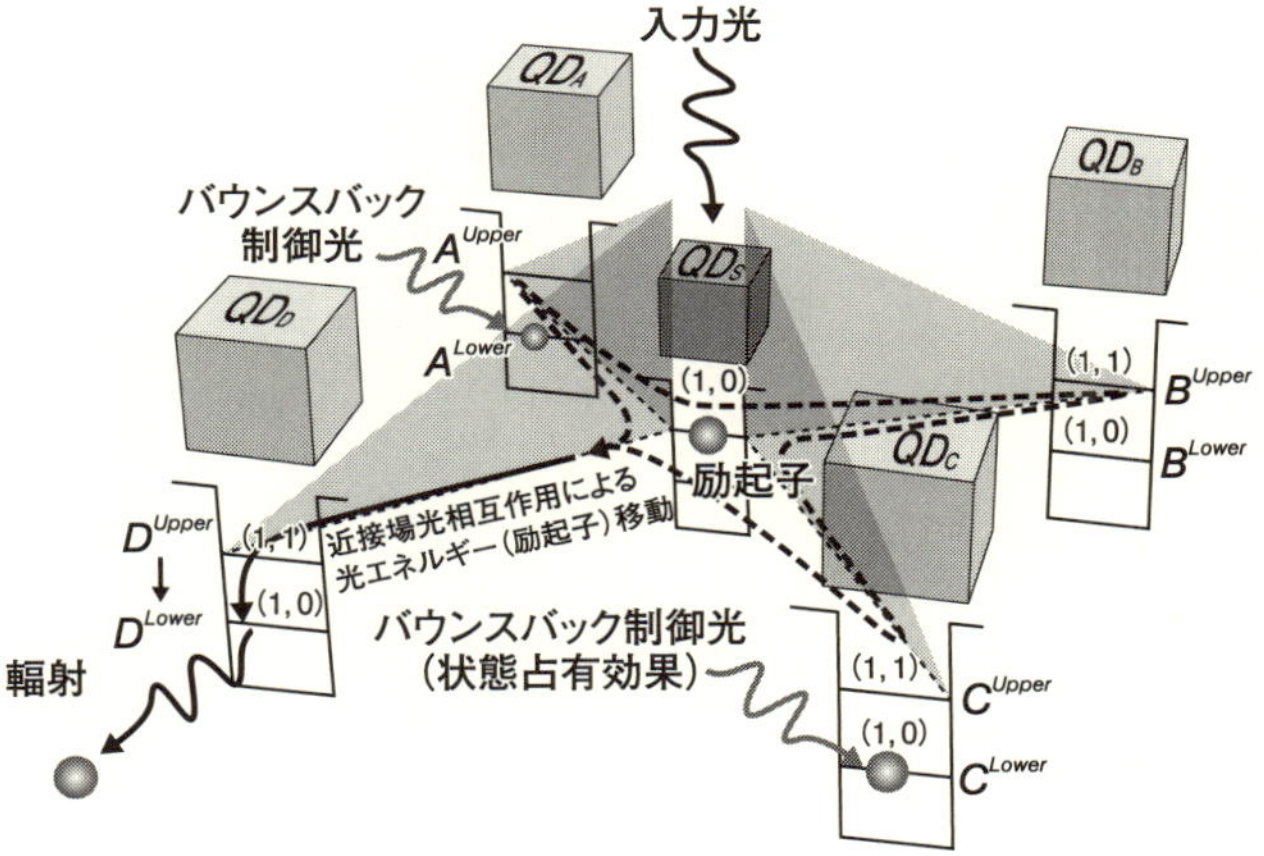

ない新たな応用や、それらがもたらす新たな産業が拓かれることを期待しています。

　一方、ナノスケールの量子ドットのネットワークにおいて、近接場光相互作用を介して励起子の移動先となる量子ドットが選択される過程で、光の非局所性と量子的確率性がもたらす効果によりSAT解を探索できることも、数値シミュレーションにより示されています[※29]（図7）。これは電子ブラウン・

ラチェットとは異なる物理プロセスを活用して小型・低消費電力のアメーバ型コンピュータを開発する、もう1つの可能な実装形態です。今後これらの提案のみならず、バウンスバック信号適用経験を記憶したり、時間的・空間的相関を持つ揺らぎを生成したりできる他の先端デバイスによる実装形態が複数提案されることでしょう。そして、こうした先端デバイスの時間的・空間的相関をもつダイナミクスが有する計算パワーが、実験的に評価され比較されていくことになるでしょう。

アメーバ・コンピューティングによる化学反応シミュレーション

AmoebaSATは、揺らぎの効果により、複数の解の間を確率的に遷移する挙動を繰り返します（**図5D**）。各解に滞在する平均期間はそれぞれ異なります。各変数値が関与するバウンスバック規則の数（他の変数値に及ぼす影響）が異なると、揺らぎによりかき乱されることに対する耐性にも違いが生じるからです。また、**図5D**で解$_1$（**図5A**）から解$_2$（**図5B**）へ、解$_2$（**図5B**）から解$_3$（**図5C**）への遷移は頻繁に起こりますが、解$_1$（**図5A**）から解$_3$（**図5C**）への遷移は稀です。前者は1ビットが更新されれば実現するのに対し、後者は2ビットが同時に更新されねばならず、確率的により起こりにくい事象だからです。こうした滞在期間の長さと遷移頻度（確率）は、それぞれ化学における「熱力学的安定性」と「反応速度」に類似した情報を提供します。そこで、バウンスバック規則の形式で物理化学法則を反映する制約条件を定義することにより、化学反応を制約充足解探索ダイナミクスとして表現するモデル「AmoebaChem」を定式化しました。[※30]

2個の窒素（N）と6個の水素（H）が与えられた容器の中で、これらの原子が共有結合により形成し得る分子を考えてみましょう（**図8**）。オクテット則によれば、原子が安定な分子を形成する際に成立させる共有結合の数は、窒素は3（＝N^*）、水素は1（＝H^*）です。このとき、オクテット則を満たす分子を列挙してできるケミカルスペースは、集合｛N_2,

図8　ケミカルスペースと可能な状態

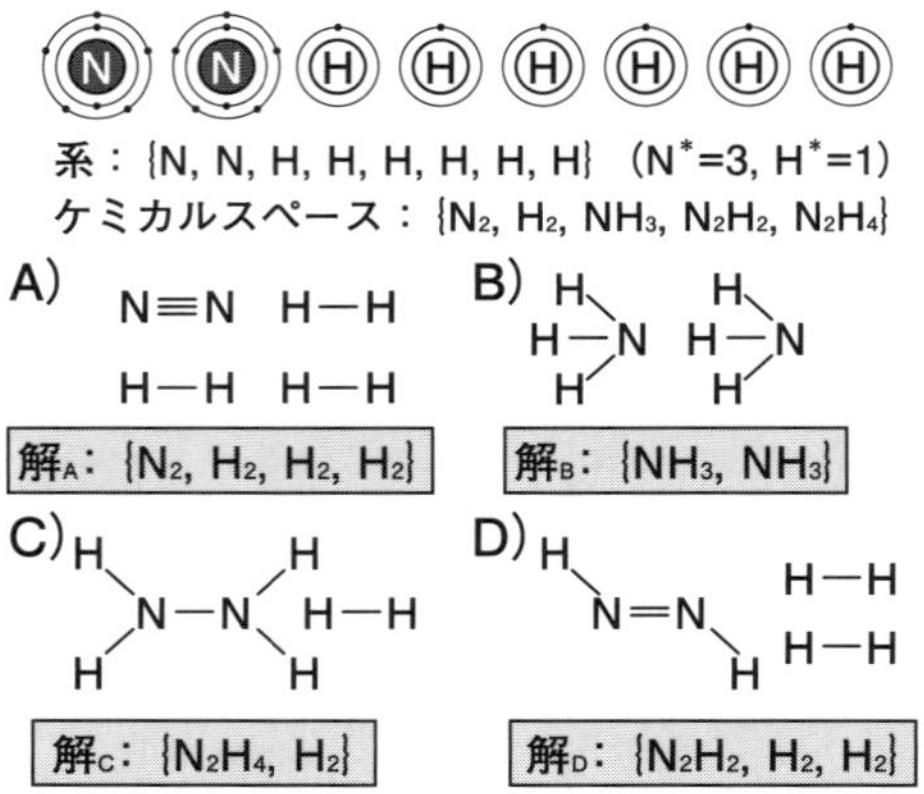

H_2, NH_3, N_2H_2, N_2H_4} で与えられます。この集合の要素を容器内の原子の個数が保存されるという条件を考慮して選ぶことにより、この系で有り得る状態は4通り（図8A、B、C、D）存在することが分かります。これらの状態は、オクテット則と原子個数の保存則という2つの制約条件を満足する状態を求めよという制約充足問題の「解」であると見なすことができます。解を2つ選ぶと、正しい反応式が得られます。例えば、解Aから解Bへの遷移は、反応式$N_2+3H_2 \rightarrow 2NH_3$として記述されます。

ケミカルスペース中の化合物を網羅するに

は、容器内の原子の結合の組合せを列挙する必要があります。化合物候補の総数は、原子の個数の階乗関数（あるいは指数関数）のオーダーで急激に成長してしまいます。こうした組合せ爆発が生じる広大な空間を網羅的に探索することは、現実的には不可能です。そこで、AmoebaSATを発展させ、制約充足解として表現される化合物を発見的に探索するアプローチをとるのです。

図9のアメーバの60本の足は、**図8**の例における原子間の結合生成の成否を表現するAmoebaChemの60個の変数（表中の▒対角成分より右上の0または1の値をとるボックス）に対応します。**図9**では、窒素—窒素三重結合が1カ所、窒素—水素単結合が一カ所、水素—水素単結合が2カ所で成立しており、対応する4本のアメーバ足が伸びています。他の伸びている足は結合の不成立を表しています。バウンスバック規則は、オクテット則と原子個数の保存則を表現するために、各原子で成立する共有結合の総数がオクテット則から導かれる数（N^*、H^*）と一致する状態のみを許容するべく、両者が一致しない状態を禁じるように定義することにしましょう。例えば、**図9**のN[1]の結合の総数は4となり、N^*＝3を上回りま

図9　アメーバ・コンピューティングによる化学反応シミュレーション

先が⊥となっている矢印は抑制を、↙となっている矢印は促進を表す

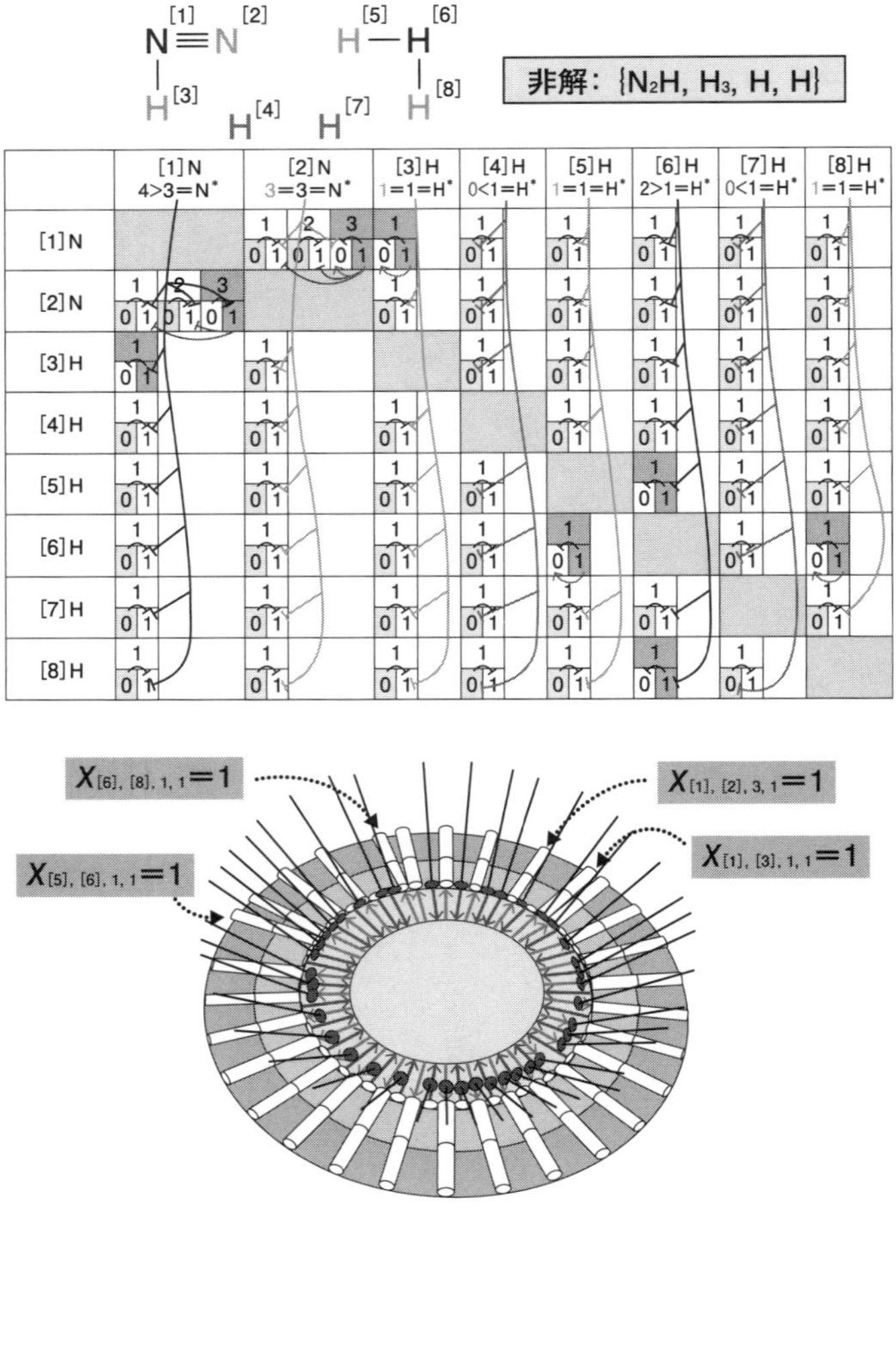

す。そこで、結合の成立を表す全ての足にバウンスバック信号を適用するのです（**図9**表中の抑制記号）。また、H[4]の結合総数は0であり、H^*＝1を下回るので、結合の不成立を表す全ての足を縮退させ（**図9**表中の抑制記号）、他のいずれかの原子との結合生成を促します。一方、N[2]の結合総数3はN^*と一致しているので、現状を維持するべく、縮退している全ての足にバウンスバック信号を適用します（**図9**表中の抑制記号）。こうした方針でバウンスバック規則を定義すると、許される安定状態は4通りだけとなり、それらは**図8**の解と一致するのです。**図8**の解$_B$を表現する構成を**図10**に示しました。AmoebaSATと同様、AmoebaChemも複数の解の間を確率的に飛び移る挙動を示します。こうした挙動により、化学反応のダイナミクスが抽象的に表現されるのです。

バウンスバック信号が確率的に適用されるような規則を導入すると、物理化学法則をより豊かに表現できるようになります。原子間の結合解離エネルギーに反比例する確率で結合の切断が生じるようにする規則は、例えば窒素分子（N_2）の切断の困難を再現できます。さらに、各原子の分極化、イオン化、ラジカル化といった電子の状態に関する情報も、それらの

図10　化学反応シミュレーションで探索される解の例

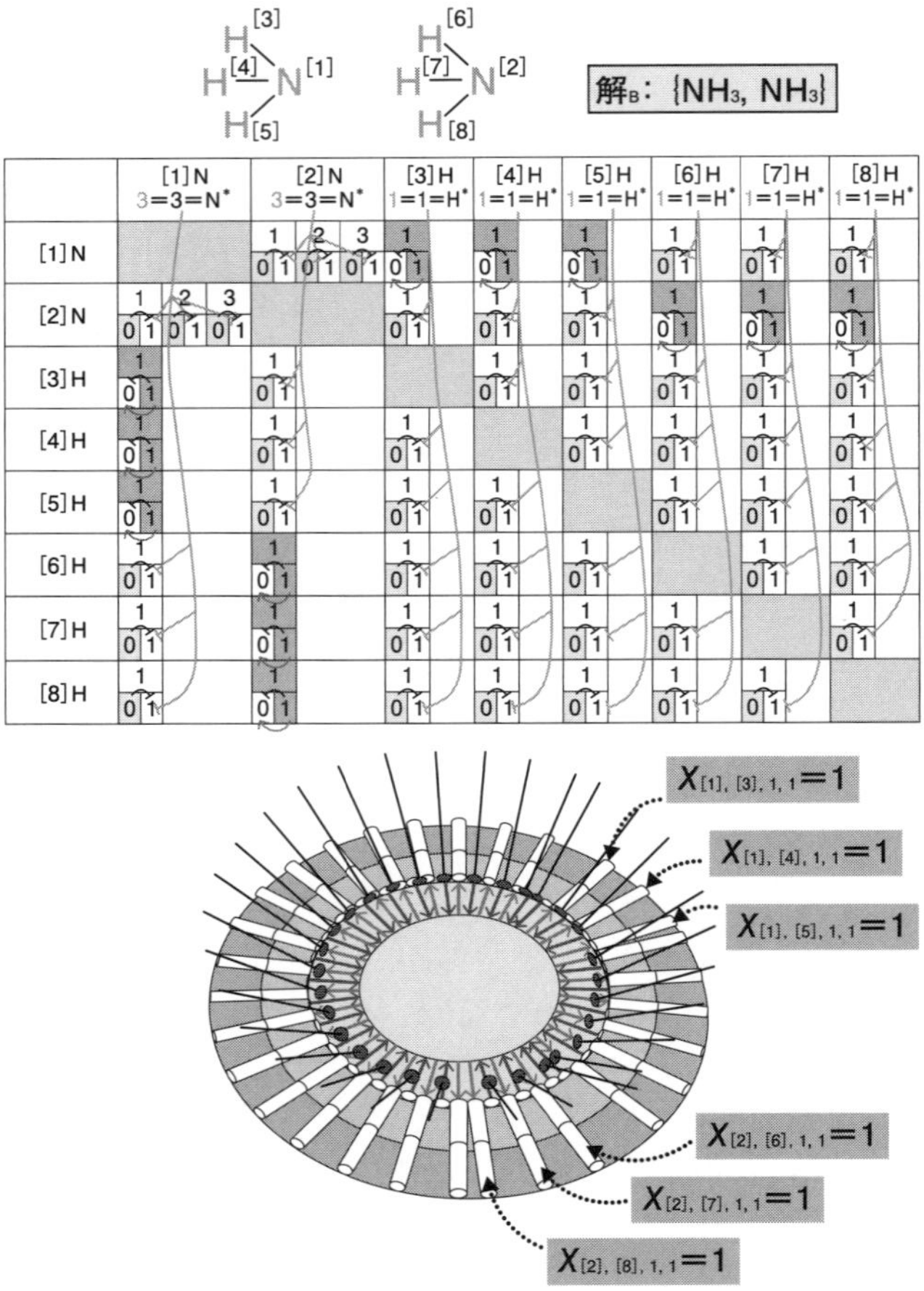

状態の成否を表現する変数を導入（**図9**、**図10**表中の▒対角成分に新設）することにより、明示的に扱うことができます。これらの変数を参照するバウンスバック規則とその適用確率を適切に設定することで、単分子内で複数の原子が互いの正負を整合させて分極する様子や、2分子間の正負に分極した原子同士が引き合って結合が生じやすくなる傾向や、それに伴う置換、脱離、付加反応といった、局所的な電子の移動や授受として表現される様々な事象を確率的に発生させることができるようになります。こうして、「有機電子論[※38]」を表現するシミュレーションが可能になり、それによってある程度信頼できる定量的な予測を実現する道が開かれるのです。

AmoebaChemを使ったシミュレーション結果の例を紹介します。**図11**で示されるように、ハロゲン化アルキルと水酸化物イオンは、両者が結合して臭素を押し出す置換反応と、後者が前者の水素を引き抜く脱離反応を同時に起こします。反応物が1級アルキルのときは、置換が脱離に優先することが知られています（**図11A**）。置換は1つの炭素の結合を組み換えれば実現するのに対し、脱離は2つの炭素を同時に組み換えねばならず、確率的により起こ

図11　化学反応シミュレーションで再現される脱離と置換の競争反応

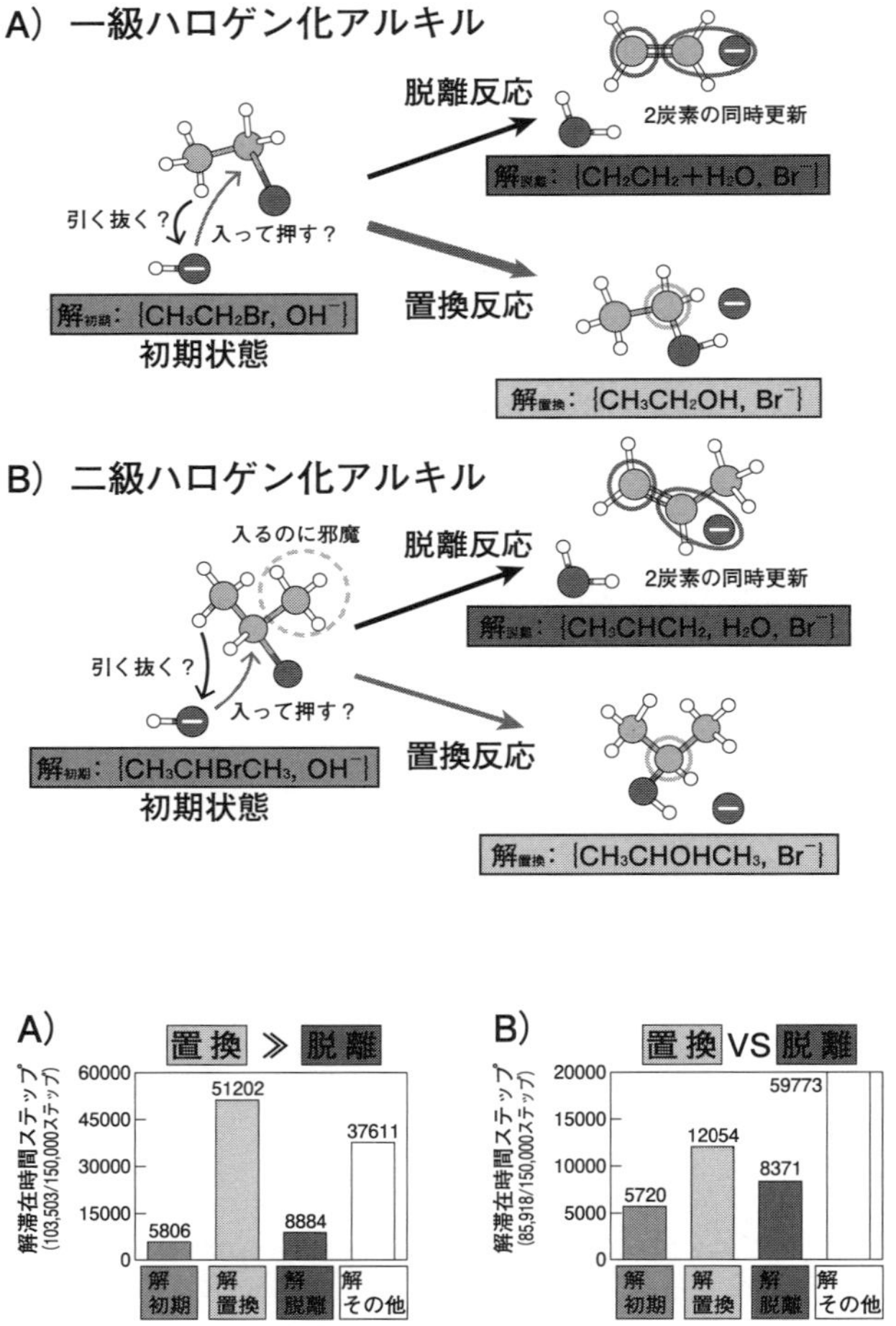

りにくい事象だからでしょう。ところが、反応物をアルキル基が1つ多い2級アルキルに変えると、置換と脱離が同程度の頻度で競争的に発生することが知られています（図11B）。これは、1つ多いアルキル基の体積効果により水酸化物イオンと炭素との結合が妨害され、置換が起こりにくくなる「立体障害」のためであると理解されます。AmoebaChemを同一のパラメータ設定のもとで反応物を変えて実行したところ、**図11下A**と**図11下B**で示されるように、上記の経験的事実と整合的な結果が得られました（各生成物の収量は対応する解での総滞在期間により評価しています）。AmoebaChemには明示的に立体障害を表現するバウンスバック規則は設定されていませんが、1つ多いアルキル基の存在が分子内の複数の炭素の分極状態を多様化し、置換が誘発される状況の発生頻度が下がり、結果として立体障害と類似した効果をもたらしたと解釈することができます。

AmoebaChemは、既知の局所的に不可能な状態遷移の情報の否定を通して、未知の大域的に可能な反応の情報を探索します。第一原理計算が物理空間で進行する決定論的挙動の時系列を数値的に再現するのとは対照的に、論理空間であるケミカルスペースで起こり得る確率的事象の時系列のアンサンブルを統計的に解析することで、物理化学的な正確性を多少犠牲にしてでも計算コストを節約するアプローチをとるのです。今後の課題は、計算化学者と共同で、物理化学的にある程度信頼できる結果が得られるようにAmoebaChemを調律する方法論を体系化し、ソフトウェアの開発を加速していくことです。目標としているのは、様々な実際の反応のデータと定量的に概ね合致する結果が得られるようにバウンスバック規則やパラメータ（適用確率を含む）を設定することにより、系の規模や観察時間を拡張したときにも、用途にとって十分な信頼性のある定量的な情報を提供できるようにすることです。計算コストの問題は、舞台を物理空間から論理空間に移しても完全に解消されるわけではありません。ケミカルスペースには組合せ爆発という新たな困難が立ちはだかっています。この困難をどう回避していくかが課題となるでしょう。

一方、前節で紹介したように、AmoebaSATを電子回路も含めた様々なハードウェアを用いて物理的に実装するアメーバ型コンピュータが提案されており、集積度を向上し消費エネルギーを低減できるアーキテクチャの可能性も検討されています。※28, 29 よって、AmoebaChem

を実装する高速の専用マシンの開発が、いずれ可能になるでしょう。そして将来、未知の化合物や反応経路の可能性を高速に探索できる技術の実現のために、計算化学やエレクトロニクスを含めた多様な分野の研究者が連携し、ソフトウェアとハードウェアの双方をコンカレントに開発していく体制の構築が求められるでしょう。こうしたアプローチが成功すれば、アメーバ型コンピュータは、未知の物質や材料の機能を理解し、合成および制御の方法論を開拓するための有効なツールとして、創薬や材料科学の研究開発の前進に貢献することができるだろうと期待しています。

ナチュラル・コンピュータから自然知能へ

現在のコンピュータの前提になっているのは、キーボード、マウス、タッチパネルなどを使って記号を入力すると、文字、画像、音声などのデジタルデータを表現する記号により出力が返されるプロセス、つまり、入力記号が出力記号に変換される操作です。しかし、こうした前提に収まらない世界へと、「計算」、「コンピュータ」、「知能」といった概念を拡張していけることを示すのが本章の目的でした。そのために、自然現象もまた計算であると捉えるところから出発する「ナチュラル・コンピューティング」という研究分野について概説しました。そして、単細胞生物である粘菌アメーバを使ったコンピュータを構築できること、その情報処理原理を抽出したアルゴリズムを従来のシリコンデバイスとは異なる自然界の熱雑音を活用するナノデバイスによって実装できることなどを示しました。さらに、アメーバ型のアルゴリズムやコンピュータにより、未知の化学物質や反応経路の可能性を高速に探索することを目指した研究を紹介し、その将来像を展望しました。これらの研究は、化学反応などの自然現象を解探索過程として捉えるという認識の拡張性を提示しているだけでなく、自然現象をコンピュータの計算パワーの源として利用できるという新たな技術の可能性をも示唆しています。実際、タンパク質は極めて難しいフォールディング問題を解く「ナチュラル・コンピュータ」なのです。

ナチュラル・コンピュータにとっての入力となるのは、化学的、力学的、熱的、光学的、電気的な刺激です。それらの刺激は自然法則に従って処理され、異なる刺激として出力されたり、あるいは、ナチュラル・コンピュータそれ自体の変形や移動といった物質的運動を介して、次なる計算のきっかけを作っていくのです。[※39]コンピュータを使って既知の情報から未知の有益な情報を得る処理を繰り返して自らの知識を拡大していく技術が「人工知能」であるとするなら、ナチュラル・コンピュータをベースにした「自然知能」[※40]が切り拓く世界を想像することも可能でしょう。そこでは、人間がプログラムできなかった想定外の状況においてすら、自然界の情報を手がかりに自然現象の計算パワーを活かした探索を行い、合理的なソリューションを自ら考え出すような、本当の意味で「知的」な処理を実現できる可能性が拓かれるのです。

参考文献

1 小林聡、萩谷昌己、横森貴、山村雅幸、木賀大介、礒川悌次郎、フェルディナンド・ペパー、西田泰伸、角谷良彦、本多健太郎、青野真士『自然計算へのいざない』近代科学社、東京、２０１５

2 中垣俊之『粘菌 その驚くべき知性』ＰＨＰ研究所、東京、２０１０

3 中垣俊之『粘菌 偉大なる単細胞が人類を救う』文藝春秋、東京、２０１４

4 マーティン・デイヴィス、沼田寛 訳『万能コンピュータ――ライプニッツからチューリングへの道すじ』近代科学社、東京、２０１６

5 高橋昌一郎『ノイマン・ゲーデル・チューリング』筑摩書房、東京、２０１４

6 H. Siegelmann, Neural Networks and Analog Computation: Beyond the Turing Limit（Progress in Theoretical Computer Science), Birkhaeuser, 1998.

7 M. Conrad. The Price of Programmability. In The Universal Turing Machine: A Half-Century Survey; Rolf, H., Ed.; Springer-Verlag: Wien, Austria, 1994; pp 261-281.

8 新井宗仁「タンパク質の揺らぎと機能――結合と触媒」（寺嶋正秀 編『揺らぎ・ダイナミクスと生体機能――物理化学的視点から見た生体分子』第17章 pp267-280）、化学同人、東京、２０１３

9 B. Berger, T. Leighton, Protein Folding in the Hydrophobic-Hydrophilic（HP）Model is NP-Complete. J. Comput. Biol. 1998, 5, 27-40.

10 G. Rozenberg,T. Bäck, J. Kok, Eds. Handbook of Natural Computing, Springer-Verlag, New York, 2012.

11 古川正志、川上敬、渡辺美知子、木下正博、山本雅人、鈴木育男『メタヒューリスティクスとナチュラルコンピューティング』コロナ社、東京、２０１２

12 伊庭斉志『進化計算と深層学習――創発する知能』オーム社、東京、２０１５

13 岡谷貴之『深層学習』講談社、東京、２０１５

14 小宮健、瀧ノ上正浩、田中文昭、浜田省吾、村田 智、ＤＮＡナノエンジニアリング、萩谷昌己、横森 貴（編）、近代科学社、東京、２０１１

15 T. Inagaki, Y. Haribara, K. Igarashi, T. Sonobe, S. Tamate, T. Honjo, A. Marandi, P.L. McMahon, T. Umeki, K. Enbutsu, O. Tadanaga, H. Takenouchi, K. Aihara, K. Kawarabayashi, K. Inoue, S. Utsunomiya, and H. Takesue, A coherent ising machine for 2000-node optimization problems, Science, vol. 354, no. 6312, pp. 603-606, Nov. 2016.

16 M. Yamaoka, C. Yoshimura, M. Hayashi, T. Okuyama, H. Aoki, and H. Mizuno, A 20k-spin ising chip to solve combinatorial optimization problems with CMOS annealing, IEEE J. Solid-State Circuits, vol. 51, no. 1, pp. 303-309, Jan. 2016.

17 西森秀稔、大関真之『量子コンピュータが人工知能を加速する』日経ＢＰ社、東京、２０１６

18 M. Aono, M. Hara, K. Aihara, Amoeba-Based Neurocomputing with Chaotic Dynamics. Commun. ACM 2007, 50, 69-72.

19 M. Aono, Y. Hirata, M. Hara, and K. Aihara, Amoeba-based chaotic neurocomputing : Combinatorial optimization by coupled biological oscillators, New Gener. Comput., vol. 27, no. 2, pp. 129-157, April 2009.

20 K. Iwayama, Y. Hirata, M. Aono, L. Zhu, M. Hara, and K. Aihara, Decision-making ability of Physarum polycephalum enhanced by its coordinated spatiotemporal oscillatory dynamics, Bioinspiration & Biomimetics, vol. 11, no. 3, 036001, April 2016.

21 L. Zhu, M. Aono, S.-J. Kim, and M. Hara, Amoeba-based computing for traveling salesman problem : Long-term correlations between spatially separated individual cells of Physarum polycephalum, BioSystems, vol. 112, no. 1, pp. 1-10, April 2013.

22 M. Aono, Y. Hirata, M. Hara, K. Aihara, “Greedy versus social: Resource-competing oscillator network

as a model of amoeba-based neurocomputer," Natural Computing 10, 1219-1244 (2011).

23 M. Aono, S.-J. Kim, L. Zhu, M. Naruse, M. Ohtsu, H. Hori, and M. Hara, Amoeba-inspired SAT solver, Proc. NOLTA 2012, pp. 586- 589, Majorca, Spain, Oct. 2012.

24 M. Aono, S.-J. Kim, S. Kasai, H. Miwa, and M. Naruse, Amoeba- inspired spatiotemporal dynamics for solving the satisfiability problem, Advances in Science, Technology and Environmentology, vol. B11, pp. 37-40, March 2015.

25 Kim, S.-J.; Aono, M.; Hara, M. Tug-of-War Model for the Two- Bandit Problem: Nonlocally-Correlated Parallel Exploration via Resource Conservation. BioSystems 2010, 101, 29 ı 36.

26 S. Kasai, M. Aono, and M. Naruse, Amoeba-inspired computing architecture implemented using charge dynamics in parallel capacitance network, Appl. Phys. Lett., vol. 103, no. 16, 163703, Oct. 2013.

27 若宮遼、葛西誠也、青野真士、成瀬誠、巳波弘佳「アメーバ型最適化問題解探索アルゴリズムの電子回路実装」(『信学技報』ED2014-152、pp. 81-85) Feb. 2015

28 M. Aono, S. Kasai, S.-J. Kim, M. Wakabayashi, H. Miwa, and M. Naruse, Amoeba-inspired nanoarchitectonic computing implemented using electrical Brownian ratchets, Nanotechnology, vol. 26, no. 23, 234001, May 2015.

29 M. Aono, M. Naruse, S.-J. Kim, M. Wakabayashi, H. Hori, M. Ohtsu, and M. Hara, Amoeba-inspired nanoarchitectonic computing : Solving intractable computational problems using nanoscale photoexcitation transfer dynamics, Langmuir, vol. 29, no. 24, pp. 7557-7564, April 2013.

30 M. Aono and M. Wakabayashi, Amoeba-inspired heuristic search dynamics for exploring chemical reaction paths, Orig. Life Evol. Biosph., vol. 45, no. 3, pp. 339-345, July 2015.

31 船津公人『現代化学』2016年12月号、東京化学同人、pp.50-53 (2016)

32 E. J. Corey, W. T. Wipke, Science, 166, 177 (1969).
33 J. Dugundji, I. Ugi, Topics Curr. Chem., 39, 19 (1973).
34 船津公人、佐々木慎一『ＡＩＰＨＯＳ・コンピュータによる有機合成探索』共立出版、東京、１９９４
35 B. A. Grzybowski ほか, Angew. Chem. Int. Ed., 55, 2 (2016).
36 Handbook of Satisfiability, A. Biere, M. Heule, H. Van Maaren, and T. Walsh, eds., IOS Press, Amsterdam, 2009.
37 武次徹也（平尾公彦 監修）『すぐできる 量子化学計算ビギナーズマニュアル』講談社、東京、２０１５
38 井本 稔『有機電子論解説――有機化学の基礎』東京化学同人、東京、１９９０
39 S.-J. Kim, M. Aono, E. Nameda, Efficient decision-making by volume-conserving physical object, New Journal of Physics 17, 083023 (2015).
40 https://sites.google.com/site/naturalintelligencejp/

〔技術解説〕

ディープラーニングとは何か？

木脇太一
（東京大学）

1 はじめに

ディープラーニングとは何だろうか？　第1章でも述べられているように、ディープラーニングはここ数年盛り上がった動きではあるが、その背景には70年以上にも及ぶ長いニューラルネットワークに関する研究の歴史がある。それでは、なぜ今になって急激な研究の進展が起こったのだろうか？　また古くからあるニューラルネットワークと深層なニューラルネットワークは何が大きく違うのだろうか？　ここではこれらの問いに答えるために、情報技術の発展、深層性の利点や難しさ、またディープラーニングを支える要素技術とその発展[※1]に関して議論を進める。

本章の構成は以下の通りである。まず第2節にてニューラルネットワーク基礎として第2次ニューロブームまでに確立したニューラルネットワークの構造や学習アルゴリズムを紹介する。次の第3節では、第2次と第3次ニューロブームの大きな違いである、深層性の果たす役割と利点に関して議論を行う。次の第4節および第5節ではニューラルネットワーク、特に深層ネットワークの学習に関する難しさが、どのような技術をもって解決されてきたのかを紹介する。最後に第6節ではディープラーニングの発展の歴史を振り返り、今後の動向を探るヒントを得ようと思う。

2 ニューラルネットワーク

2・1 ニューロン

第1章で述べられているように、ディープラーニングを初めとしてコネクショニズム研究

※1 ニューラルネットワークに関する技術は、なかなか分類が難しい。例えばネットワークの構造の改変法を例にとっても、ある手法はネットワークの学習を効率化するものであるかも知れないし、別の手法は正則化かもしれない。また別の手法はニューラルネットワークが扱える問題を広げるのが目的かもしれない。そのためアルゴリズムの形式だけを見ていても、その本質である学習への効果を知ることは難しい。さらに手法によっては効果が十分に理解されていないものもあるし、もしかすると幾つかの効果が混在している手法もあるかも知れない。

図1　ニューラルネットワークにおける階層構造。ニューロンの結線の様子（左）。簡略記法（右）。層の大きさは棒の長さで表現している

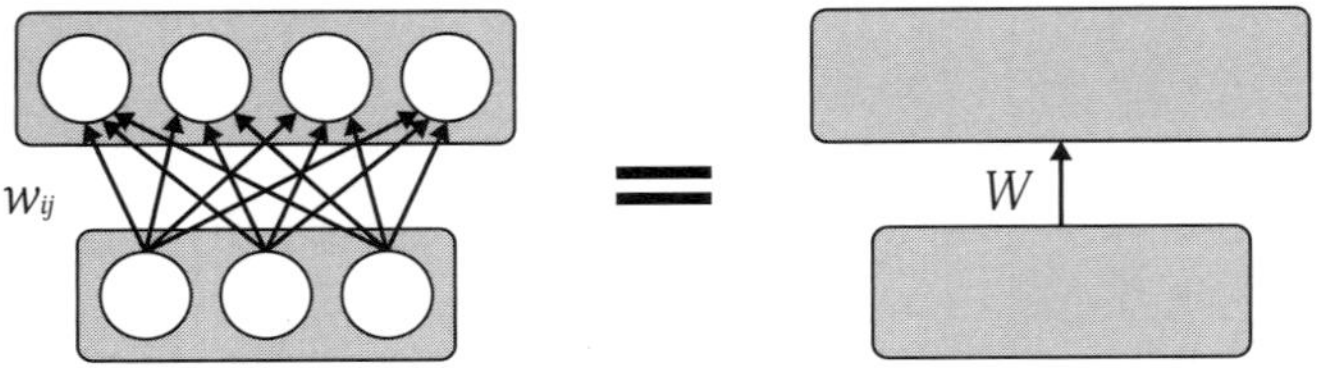

で利用されているニューロンは多くの場合、次に示すMcCullochとPittsのニューロンモデルである（第1章、**図4**および**図5**も参照のこと）。このニューロンモデルは、神経細胞への刺激を入力、その神経細胞が興奮しているか否かを出力として、神経細胞の挙動を簡略化したものである［**58**］。本章において単にニューロンと書く際は、このMcCullochとPittsのニューロンを指すこととする。

　このニューロンモデルの挙動を式で表現すると

$$y=\sigma\left(\sum_i w_i x_i + b\right) \tag{1}$$

となる。ここで各x_iが入力でyが出力である。

σは活性化関数と呼ばれるものであり、McCullochと

Pittsの提案では第1章の**図5**のようなステップ関数（ヘビサイド関数）が利用された。w_iとbはそれぞれ重みとバイアスと呼ばれるパラメータであり、それぞれ神経細胞におけるシナプス荷重と閾値《しきいち》に対応するものである。つまり入力x_iはそれぞれに対応したw_iで重み付けを受けたのち足し合わされ、それがバイアス$-b$を超えた場合にのみニューロンは$y=1$を出力し、それ以外は$y=0$を出力する。パラメータw_i、bの値を変えることによりニューロンは様々な挙動を行うことができる。この70年以上も前に成された定式化は、σの選び方に様々な改良が施されていることを除けば、今日の深層学習に至るまで採用され続けているものである。

2・2　多層パーセプトロン（Multi-Layered Perceptron、MLP）

ニューロンの結合の方法には色々な可能性があるのだが、第1章でも述べられているように基本となるのは**図1**に示すような層状の結合である。このような層を重ねて構成されたニューラルネットワークを多層パーセプトロン（Multi-Layered Perceptron、以下ＭＬＰ）

もしくはフィードフォワード型ニューラルネットワークと呼ぶ。また以降の説明で単純にニューラルネットワークと書いた際にはMLPを指すこととする。

MLPの層の幅（＝ニューロン数）や重ね方は、目的や計算資源の大きさなどに応じて自由に設定すれば良い。例えば、1980年代に利用された浅層パーセプトロンの基本的な形を**図2**に示す。

図2　3層MLP。入力層と隠れ層、そして出力層はそれぞれ、黒、灰色、そして白で色分けしている

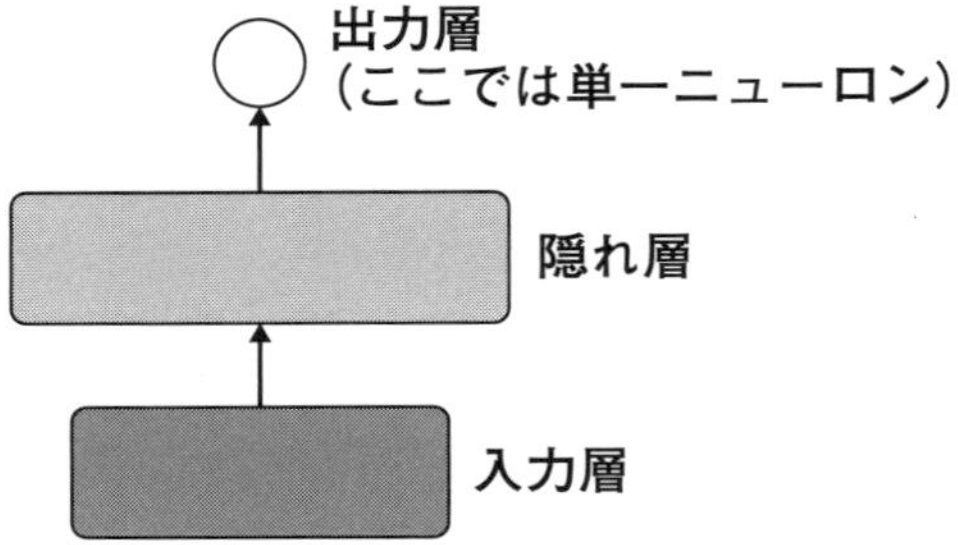

MLPは、**入力層から出力層への複雑な関数を表現・学習**することができる。例えば第2章で説明のあった画像の分類問題のような教師あり学習では、画像から正しい分類結果への対応付けを関数だと見なし、その関数をニューラルネットワークに学習させる。

ニューラルネットワークによる予測結果は出力層の状態で表現されるので、出力層の構成は解きたい問題に合わせて自由に設計する。また学習の基準となる**コスト関数**または損失関

数Lは、この出力が上手くいっているかどうかを評価するものである。Lはニューラルネットワークのパラメータ(全ニューロンの結合係数やバイアス)の関数であり、**Lを適切に減少させるパラメータを見つける操作がニューラルネットワークの学習**である。Lの取り方も目的に応じて適切に決めることとなる。

いくつか例を挙げよう。まず猫と犬の写真がごちゃ混ぜになっている中からそれぞれを選別するような2値判別問題を考えよう。この場合は例えば、単一のニューロンを出力層に用意して、その出力が与えられた画像が犬である確率であるとすれば良い。この場合の損失関数はニューラルネットワークによる予測の間違い率、もしくはそれに準ずるもの[※2]にすれば良い。

またある多変量の値を予測したいのであれば、ニューラルネットワークの出力に多数のニューロンを用意する。またその場合のコスト関数は、例えば予測の目的値と現在の予測の

※2 実用的には対数損失と呼ばれるものが利用されることが多い。

間の**ユークリッド距離**を使うことができるだろう。

２・３　多層パーセプトロンの学習

ＭＬＰの学習は適当なパラメータから開始して、ＭＬＰの振る舞いが改善する方向、つまり損失関数が減少する方向へ少しずつパラメータを変化させることで行われる。

このような最適化の手順は暗闇で山を登っていくことのようなものだと考えれば良い。今、目の前は暗くてどの方向に頂きがあるかも分からない。だとすれば、足元の地面の傾きから次の一歩を踏み出す方向を決めていくほかないだろう。[※3] さて、この傾きというのは数理的には、最適化の基準であるL（＝地面）の微分（一般には多変量なので偏微分）として計算される。さて最も初期に提案されたステップ関数を活性化関数として利用するニューロンは、この方針で学習させることができない。これは、まずステップ関数$u(x)$は$x=0$の点で不連続に値が切り替わるため傾きを計算することができないからである。さらに$x=0$以外の点においては平坦、つまり傾きが0となってしまうため、どの方向へパラメータを変化させれば良いのかも分からないのである。もちろん大きくパラメータを変化させればどこかで$x=0$を通り過ぎてMLPの出力が変化するはずであり、手当たり次第様々な方向へパラメータを変化させていく手も考えられる。しかしながら、山登りの例に戻って説明するならば、これは平坦な山の中腹に出たところで、次に登るべき山道を求めて手当たり次第に四方へ彷徨うことに似ており、効率的ではない。

ここで述べた困難はステップ関数の性質によるものであるが、果たしてニューラルネットワークを構成する上でステップ状の活性化関数を利用することが必須だろうか？　これは本章後半で紹介する近年の研究動向に色濃く表れているが、重要であるのは活性化関数の非線形性でありその関数の形状の詳細ではない。つまり直感的に言えば、直線や平面のグラフとして描かれる関数でなければ活性化関数として利用できるのである。1986年のRumelhartらによるMLPの導入でステップ関数は滑らかなシグモイド関数（図3）で置き

※3 学習では損失関数を減少させたいので谷下りといった方が混乱がないかも知れない。これは符号の取り方によるものなので、本質的ではないことに留意されたい。

図3　シグモイド関数

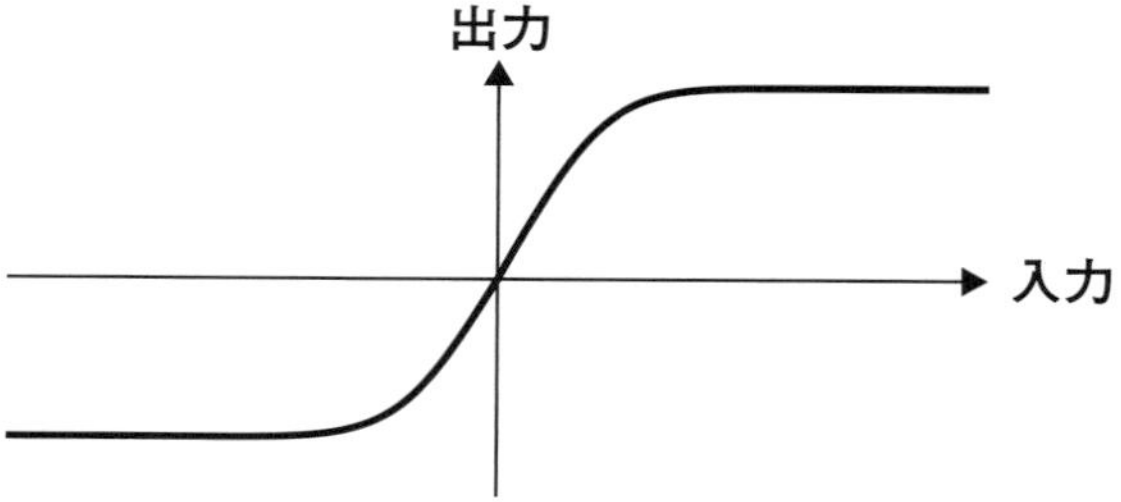

換えられた［75］。シグモイド関数は微分を簡単に計算することができるため、次に述べるように効率的な学習アルゴリズムを導出することができる。

2・3・1　誤差逆伝搬法

まずMLPの損失関数の微分を計算するための方法である、誤差逆伝搬法を説明しよう。たとえば紙の上に滑らかなグラフとして描けるような簡単な関数であれば微分を計算することも簡単である。最も直感的には、グラフに定規をあてて接線の傾きを調べれば良い。しかしながら、今相手にしなければならないのはたくさんの層を持つMLPが表現する、とても複雑な関数である。このような関数の微分はどのように求めれば良いだろうか？　言い換えれば、

$$f(x)=f_1(f_2(\cdots f_L(x)))\tag{2}$$

のようにたくさんの関数を組み合わせた関数fの微分はどのように計算できるだろうか？この問題を効率的に解決する方法が誤差逆伝搬法（Error Back Propagation）である。

関数の扱いに慣れていない読者も多いと思うので、現実の世界で利用される物のなかで関数として見なすことのできる例として連結されたギアを取り上げよう。関数fというのはxという値をとって別の値$f(x)$へ変換を行うものである。連結されたギアも、手前のギアの回転を奥のギアの回転へ変換するものであるので、これは一種の関数を実現していると見なせるのである。

さて、今L個のギアが連結されている場合を考えよう（**図4**）。i番目から$i+1$番目のギアの回転比をr_iとする。するとi番目のギアをxだけ回転させた時、$i+1$番目のギアはr_ixだけ回転する。$i+2$番目のギアは$i+1$番目のギアで駆動されているので、その回転量は

図4　連結されたギアの回転

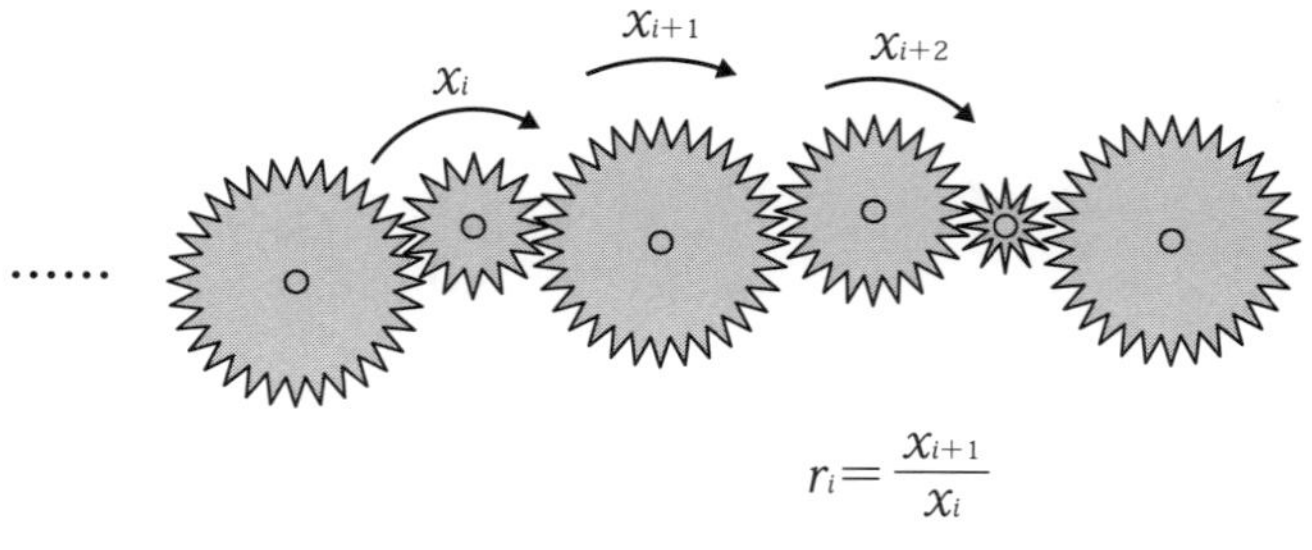

$$r_{i+1} \times \{i+1\text{番目のギアの回転量}\} = r_{i+1} r_i x \qquad (3)$$

と計算することができる。同様に計算を行えばL番目のギアの回転量は$r_{L-1} \cdots r_{i+1} r_i x$と計算できる。

ここで出てきたギアの回転比rというのは、数理的には何に対応するだろうか？　あるギアをx回転させた時に次のギアの回転量が$y=rx$となったのだが、それぞれの回転量を$y-x$平面でグラフに描けば回転比rはグラフの傾き、つまりギアが表現する関数の微分値に対応することが分かる。

今、我々が計算したい$f(x)=f_1(f_2(\cdots))$の微分はi番目のギアに対するL番目のギアの回転比であるが、これは上で計算したように、それぞれのギアの回転比を掛け合わせたもの$\delta_i = r_{L-1} \cdots r_{i+1} r_i$として計算できる。つまり$i$番目の関数への入力に対する$f$の微分は、$i+1$番目の関数への入力に対する微分に$r_i$を掛け合わせたもの$\delta_i$である。実際に$\delta_i$を計算する際には$L-1$から$i=1$まで順番に

$$\delta_i = \delta_{i+1} r_i, \quad \delta_L = 1 \qquad (4)$$

と計算していけば良い。

このδ$_i$は逆伝搬信号（Back propagating signal）などと呼ばれるため、このアルゴリズムは誤差逆伝搬法と呼ばれる［**75**、**53**］。逆伝搬信号という名前は、$x_i = f_i$（x_{i-1}）としたときに$i=1$から$i=L$まで順に計算できるx_iを順方向に伝搬する信号と考えたときに、δ_iが$i=L$から$i=1$へ逆方向に計算されることに由来している。

ギアの例では回転数の変換はあるギアがxだけ回転すると次のギアは$y=rx$だけ回転するといった具合に、ギアの回転数は比例関係にあった。これは数理的には線形性があると表現さ

れる。i番目とL番目のギアの回転比をr_iの掛け合わせで表現できたのは、線形性のおかげである。しかしながら、一般的にニューラルネットワークで利用される活性化関数σは非線形、つまり2次元平面上に描いたときに直線として描くことができない。このような場合についても、これまでの議論は果たして成り立つのであろうか？

幸いにも微分という操作自体が線形的であることから、fが非線形性を持つ場合でもその微分はfが線形である場合と同様に計算できる。これは直感的に説明すれば、微分が関数の傾きを抜き出す操作、つまり曲線に直線（つまり線形な関数）を押し当てて傾きを調べる操作であるからと言える。例えば滑らかな関数のある一部に着目して十分大きく拡大すれば直線に見えるだろう。微分はこの拡大によって現れた直線の傾きを調べているので、たとえ取り扱う対象が非線形であっても、結局のところ、そこで考えている世界は線形的なものである。

別の見方として山登りの例を思いだそう。そもそも微分を行いたかったのは、山を効率的に登るために斜面の傾きが知りたかったからであった。ところで山という場合には、今考えている斜面は完全に平面というわけではなく、湾曲していることが多いだろう。しかしながら、その湾曲が我々の踏み出す一歩に対して十分小さく無視できて、斜面を平面（つまり線形である）と見なせるので、今立っている地点の傾きを考えることができるのである。つまり元来の目的に照らし合わせても、平面的な線形の世界で計算を行うのは理にかなっていると言える。

2.3.2 Stochastic Gradient Descent

誤差逆伝搬法により微分が計算できた。これでようやく学習、つまりネットワークパラメータの更新へと議論を進めることができる。今ネットワークのある1つのパラメータをθとして、誤差逆伝搬法により計算された微分を$\partial L/\partial\theta$としよう。※4 最も単純なパラメータ更新の方法は、学習率ηを用意して、

$$\theta \leftarrow \theta - \eta \frac{\partial L}{\partial \theta} \qquad (5)$$

とするものだろう。※5 ここでηは十分小さな値、例えば0.1などと設定する。これは1つのθに対して更新を行うが、ネットワーク全体に対して学習を行うためにはネットワークの全パラメータに対して同様の更新を行えば良い。この方法は非線形最適化の分野で勾配降下法として知られているアルゴリズムである。このアルゴリズムを山登りの例を使って直感的に説明すれば、斜面の微分から得られた最も斜面が急な方向に向かってηだけ歩みを進めて山を登ることに相当する。

この方法を利用してもMLPの学習を行うことはできるが、1回のパラメータの更新を行うために、N個のデータ全てに対して誤差逆伝搬法により微分を計算する必要がある。これは小規模なデータに対する学習では問題にならないが、大規模なデータを取り扱う際には大きな問題となる。この問題を回避する代表的な手法として確率的勾配降下法（Stochastic Gradient Descent、SGD法）がある。SGD法では損失関数LがN個のデータに関する平均であることに着目して、これをより小さな数のデータに関する平均で置き換えることでパラメータの更新方向の計算を行う。背景となる考え方は、世論調査などでの統計的操作と同じである。世論調査でも本当のところは対象とする全ての人の意見を取りたいが、それが現実的ではないため、少数の人の意見から世論全体を予測する。ここでは人をデータに置き換えて、ネットワークのパラメータを動かす最適な方向を予測していると考えれば良い。

さて、ここで大きな問題は世論調査が完全に世間の総意と一致はしないように、ネットワークの学習方向もNサンプルを利用した真の方向とは必ずしも一致しないということである。この様子は見方を変えると、真の方向にノイズが乗った方向にパラメータの更新をしていることとなり、山登りの例で言えばフラフラと酔っ払い歩きをしながら山を登っている状況となる。このように一見危なかっしい更新方法であっても平均的には山を登る方向へ歩みが進む。実際、ＳＧＤにより効果的な学習ができることが理論的にも示されている［**79**］。

※**4** ∂は偏微分の記号である。今パラメータは複数あるため、θに対する損失関数の傾きを調べるためには、他のパラメータは固定して考える必要がある。このように計算されたものを偏微分と言う。

※**5** 実用的にはさらに慣性（momentum）と呼ばれる効果を入れることも多い［**85**］。これは条件の悪い損失関数に関しても良い収束を与えることが知られている。本章ではページ数の関係から割愛する。

後に述べるようにディープラーニングの発展における1つの契機は、巨大なデータセット、つまりビッグデータが利用可能になったことである。ニューラルネットワークがビッグデータに対してスケールするのはＳＧＤによるところが大きい。

以上までに説明した誤差逆伝搬法およびＳＧＤが１９８０年代に確立された基本的なＭＬＰ学習技術であり、当時のニューラルネットワークブームの基礎となったと言える。驚くべきことに、これらの技術は30年たった今日のディープラーニングの研究においても広く基盤技術として利用されている。

2・4　ネットワークのバリエーションに関して

ニューラルネットワークは解きたい問題に合わせてネットワークの構造を設計することにより、誤差逆伝搬法やＳＧＤなどを利用して全く異なる問題へ応用ができる。また後に述べるボルツマン機械のように、解きたい問題に合わせてニューロンの動作機構を変えてしまうこともできる。このようにしてニューラルネットワークには多くのバリエーションが存在する。ここでは1980年代に考案されたもののうち現在も利用される主要なネットワークを3つ紹介する。

2・4・1　リカレント型ニューラルネットワーク

これまで説明してきたMLPは受け取ることのできる入力の大きさは固定されていた。既に大きさの決まっている画像などを扱うにはこれで問題ないが、例えばテキストデータのような系列を扱うには通常のMLPは不便である。この問題はMLPに再帰的（recurrent）な結合を持たせ、ニューラルネットワークに流れる信号をループさせることで解決することができる。このようなアーキテクチャはリカレント型ニューラルネットワーク（Recurrent Neural Network、以下RNN）もしくはフィードバック型ニューラルネットワークと総称される［**21**］。

RNNの代表的な構造として**図5**に示すネットワークを考えよう。このRNNはリカレント結合を除けば単一の隠れ層をもつ3層MLPである。通常の結合はあるニューロンが別のニューロンへ与える影響を表していた。リカレント結合が通常の結合と異なる点は、リカレント結合は**一時刻前の隠れ層の状態が現在の隠れ層の状態へ与える影響**を表している点である。つまりＲＮＮの隠れ層は入力に加えて、以前の自身の値にも依存して状態を決めることとなる。

　さて我々が関心のある複雑な時系列は時間軸に関してデタラメでない、つまりある種の構造があると言える。たとえば、意味のある文章であれば言葉の出現の様子は文法構造に従って、さらには前後の文脈にも依存して決まる。ＲＮＮはリカレント結合により、時系列が長期に渡って示すこれらの特徴を隠れ層の状態変化として学習することができる。

図5　RNN

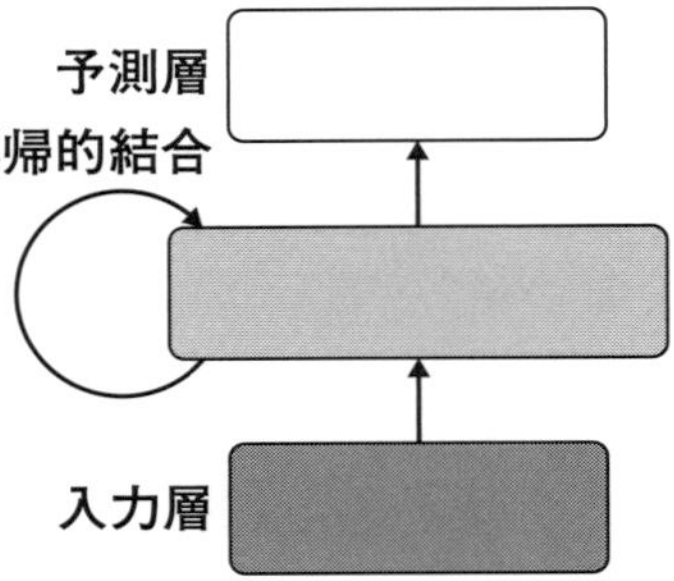

　ＲＮＮを利用した最も基礎的な学習問題として系列予測問題がある。今、$\vec{x}_1, \vec{x}_2, \ldots, \vec{x}_T$の系

図6　時間方向へのRNNの展開。図5と同じものを表現していることに注意

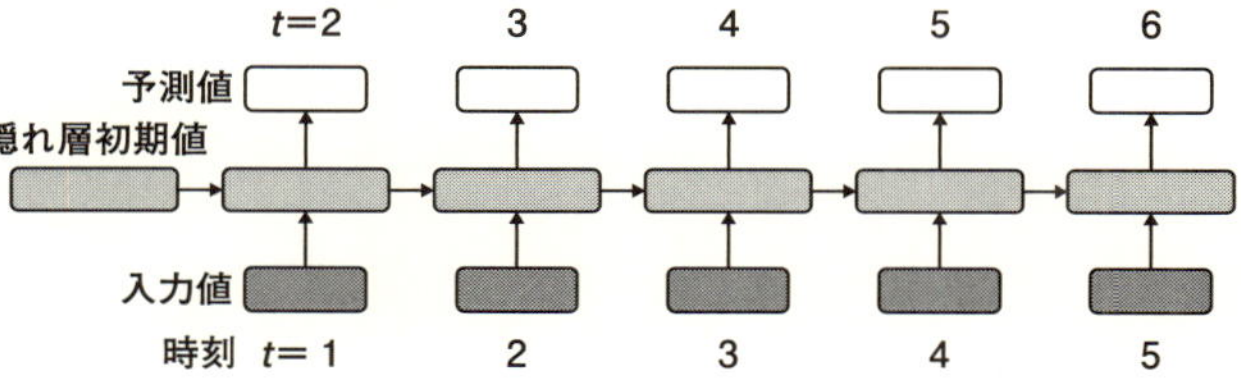

列データが与えられたとしよう。系列予測問題では、$\vec{x}_1, \ldots, \vec{x}_{T-1}$をネットワークに順番に提示して$\vec{x}_T$を予測させる。この問題は、リカレント結合を時間方向に展開して図6のように考えると分かりやすい。ニューロン層を縦方向に重ねてはいないので一見分かりにくいかもしれないが**異なる時刻の中間層を独立のニューロン層であると見なせば**、これは重みが固定されたT＋2層ネットワークであると考えることができる。そのため、これまで議論してきた誤差逆伝搬法およびSGDを利用して学習が可能である［94］※6。

2・4・2　Auto Encoder

これまで述べてきた教師あり学習では機械にデータを分類させることが目的であり、そのために我々人間が教師と

して分類の実例を与える必要があった。それに対して**教師なし学習**では、文字通り教師信号を必要としない学習法を指す。教師なし学習の代表例としては、データから頻出するパターンを見つける問題や、データのクラスタリングなどがある。本小節および次小節では1980年代に提案されたニューラルネットワークによる教師なし学習手法の代表的なもの、Auto Encoderとボルツマン機械を紹介する。

図7　Auto Encoder

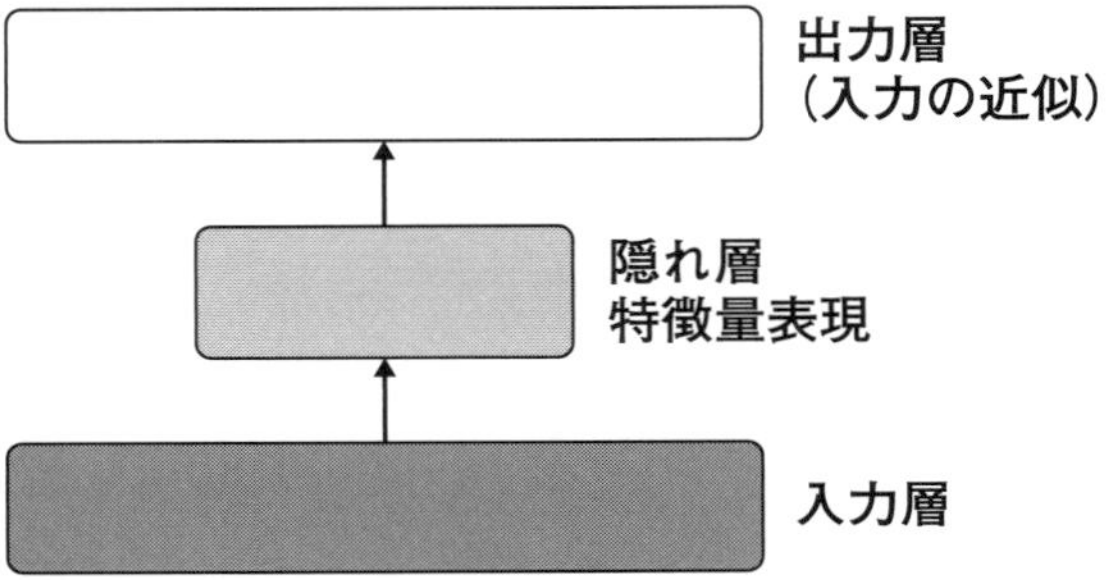

　Auto Encoderは、与えられた入力を復元するように学習される3層MLPである（**図7**）［**57**］。Auto Encoderのネットワーク構成要素は、これまで見てきたMLPと全く同一のため、誤差逆伝搬法による学習などがそのまま適用できる。

学習が十分に行われたAuto Encoderにある入力を与えると、その入力に極近い出力が得

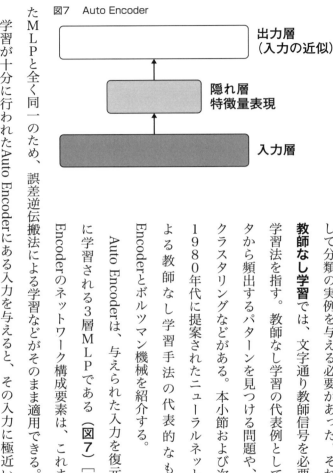

られる。さてこの出力は、既に我々の手元にある入力の近似でしかないので、Auto Encoderの出力自体は全く面白味がない。実はAuto Encoderの学習で重要なのは、通常のMLPでは脇役であった、隠れ層である。つまり入力を復元するように学習されたAuto Encoderの中間層には、データに関する重要な情報・特徴が反映されており、それらを使ってデータを眺めてみることでデータの本質を捉えることが可能となるのである。

2・4・3　ボルツマン機械

MLPを構成するニューロンは式(1)のように入力が決まれば出力が一意に定まるものだった。それに対してボルツマン機械の構成要素は**確率的**に出力が定まる。具体的にはMLPのようにシグモイド関数の値 y を直接の出力ではなく**確率値だと見なして**、ニューロンの出力

※6 この学習法はBack Propagation Through Time（BPTT）と呼ばれ、Elmanが当初提案したアルゴリズムとは異なる。しかし現在RNNの学習にはBPTTが多くの場合で利用され［**30**］、またRNNの動作も追いやすいため、ここではBPTTの紹介を行った。

を確率 y で1、確率 $1-y$ で0となるように決める［57］。

これまでに見てきたＭＬＰのようにボルツマン機械も隠れ層をもつことで複雑な処理が可能となる。このようなボルツマン機械のうち最も簡単なものは制限ボルツマン機械(Restricted Boltzmann Machine、以下ＲＢＭ）と呼ばれるもので、これは入力層と隠れ層の２つの層からなるボルツマン機械である。

ニューロンの動作機構がＭＬＰのものとは大きく異なるためにボルツマン機械の学習では誤差逆伝搬法を利用することができないが、幾つか効率の良い学習法が提案されている［38］。

２・５　本節の結論

この節では、誤差逆伝搬法やＳＧＤなど第２次ニューロブームまでに考案されたＭＬＰ学習法の紹介を行った。これらのアルゴリズムは、どのような深さの、そしてどのような構造を持つニューラルネットワークへも適用可能である。事実、現在のディープラーニングにおいてもこれらの技術はその中核にある。それではなぜ、１９８０年代にディープラーニングは実現されなかったのだろうか？　その答えは深層ネットワークを含むニューラルネットワーク全般に関する学習の難しさにある。この問題は第４節で取り扱うが、まず次の節では、そもそも深層化にはどのような意味があるのか考えてみよう。特に深層化によって

・どのような恩恵を受けることができるのか、
・またそれはどのような場合であるか、

に関して議論する。

3　深層化による効果

第1章で述べられていたように、１９８０年代に実用化された3層ＭＬＰのような浅層

ネットワークであっても、十分大きな隠れ層のニューロン数を持つ場合には任意の関数を表現できる。それでは浅層ネットワークではなく深層ネットワーク（**図8**）を利用する利点はどこにあるのだろうか？　その答えはパラメータ数に対するネットワークの表現能力の増加の仕方にある。これから見るように、浅層ネットワークに比べて深層ネットワークは遥かに効率的に複雑な関数を表現できるのである。

図8　深層ニューラルネットワークの例

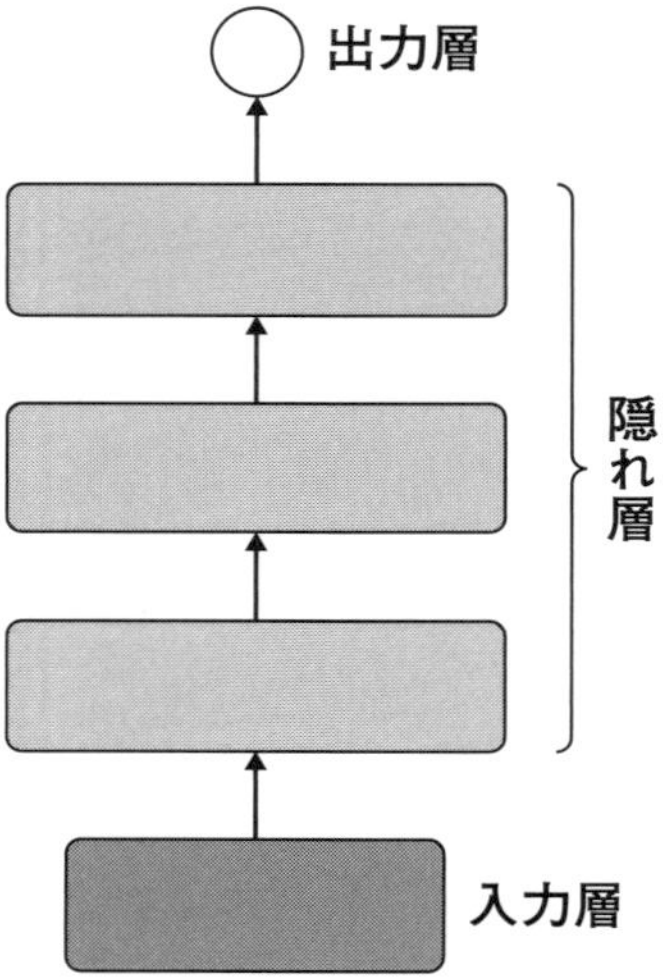

例として1次元の入力に対する場合において、簡単な浅層ネットワークと深層ネットワーク（**図9**）で表現できる関数の複雑性を比較してみよう。まず非線形性をReLU（Rectified Linear Unit）のような区分線形関数（第1章の**図8**を参照）とすると、ネットワークが表現する

図9　比較に利用する深層ネットワークと浅層ネットワーク

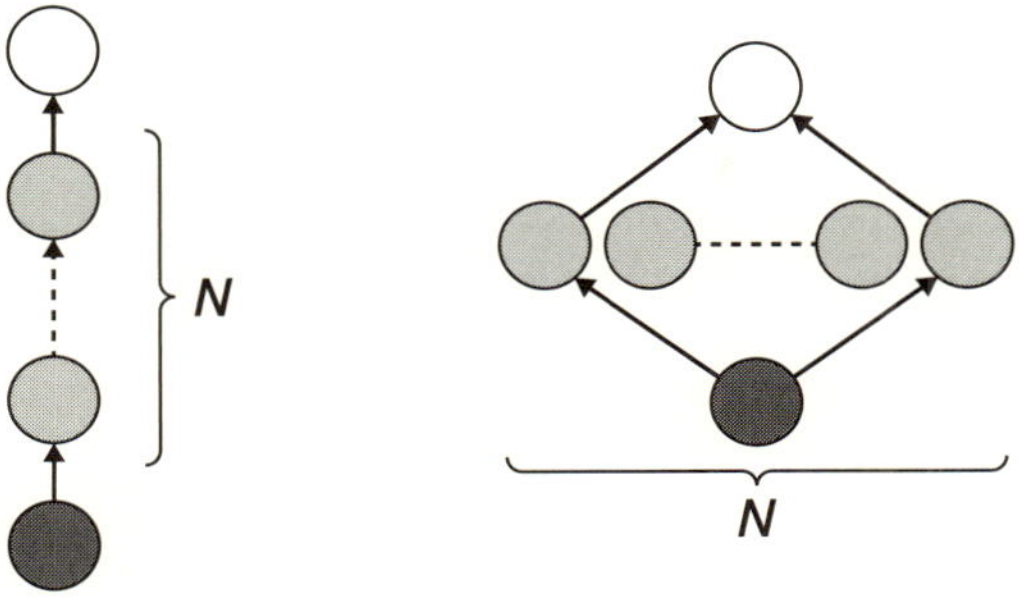

(a) 深層ネットワーク　　(b) 浅層ネットワーク

関数も区分線形関数、つまりジグザグな折れ線となる。この折れ線を構成する線分の数が多いほど関数は複雑であると考えることができる。ここではネットワークを深くするのと、浅いままニューロン数を増やす2つの場合で、線分数の最大値がどのように変化するかを見る。計算の例を**図10**に示す。ネットワークを深くした場合には、表現できる線分数はパラメータの数（つまりネットワークの深さ）に関して指数的、つまり爆発的に増やすことができる。しかし浅いままニューロン数を増やした場合には、これはパラメータの数（つまり隠れ層のニューロン数）に関して

図10　深層ネットワークと浅層ネットワークで表現できる関数の例

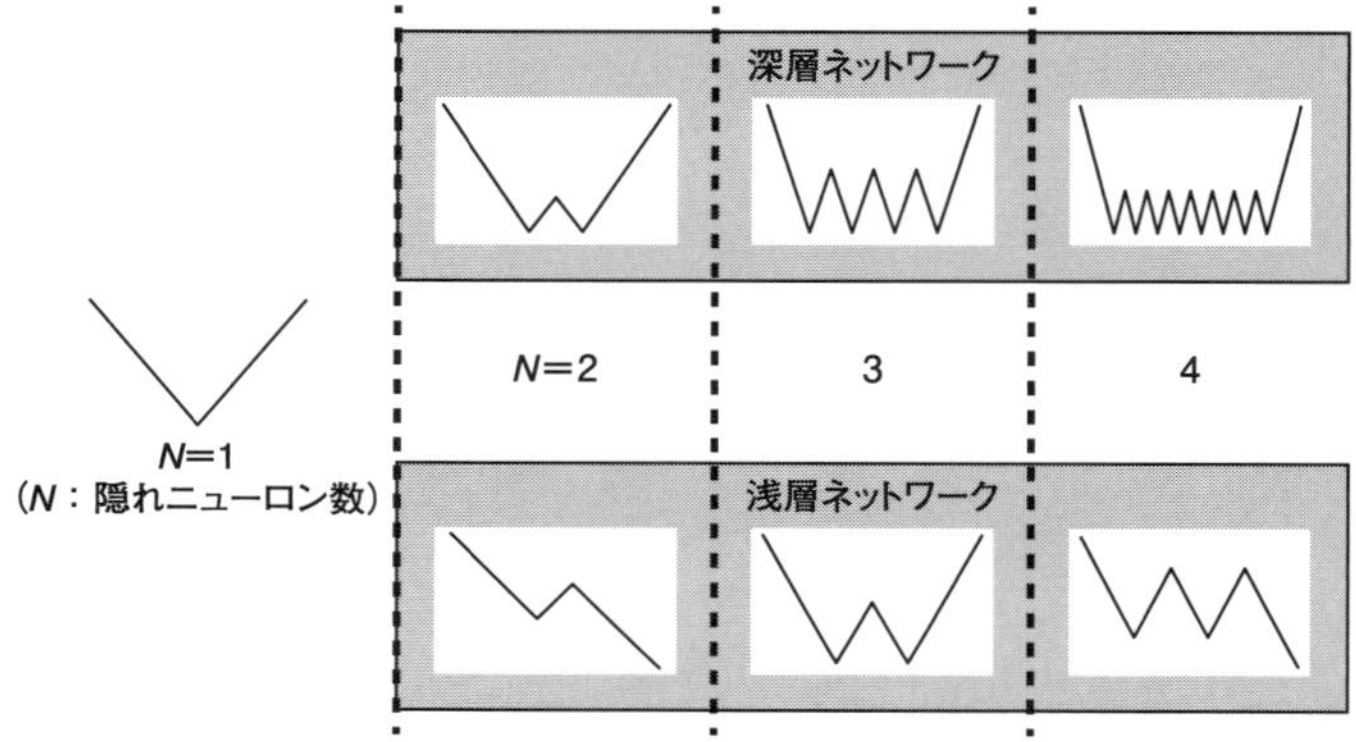

比例的にしか増やすことができない。※7

この効果は特徴の組み合わせの効果という見方で眺めることもできる。物事の組み合わせというのは考える対象の数に対して指数的に増大し得る。つまり多数のニューロンによって特徴を表現する場合、多数のニューロンの組み合わせを上手く利用することができれば、扱うことのできるパターンをニューロン数に対して指数的に増やすことができるのである。これはニューラルネットワークにおける分散表現、つまり多数のニューロンによって分散的に情報が表現されることによる利点である。**図10**における線分数は、ニューラルネットワークが表現する関数の複雑性として実効的に表れるニューロンの組み合わせの数であると言える。つまり浅層ネットワークに比べて**深層ネットワークはニューロンの組み合わせの利得をより活かすことが可能**だと言える。

さて、それでは深層ネットワークは浅層ネットワークに対して全く制限や欠点がないのだろうか？　そんなことはない。これを詳しく見るために同じ最大線分数を持つ浅層ネットワークと深層ネットワークを考えよう。浅層ネットワークでは、折れ線を構成する各線分は、対応する隠れ層ニューロンの結合係数を変えることにより自在に変化させることができる。そのため与えられた線分数の限りにおいて、浅層ネットワークは任意の折れ線を表現することができる。それに対して深層ネットワークでは**各線分を独立に動かすことはできない**。[※8]つまり**深層ネットワークでは複雑な関数を少ないパラメータで表現することはできるが、任**

※7　一般的には入力次元で決まる次数の多項式程度となる。詳しくは［64］を参照。

※8　もちろん深層ネットワークでもニューロン数を十分大きく取れば、ある線分数を持つ任意の区分線形関数を表現できる。しかしここで興味があるのは深層ネットワークで最大限、もしくはそれに準ずるほど複雑な関数を表現した場合の振る舞いである。これにはあるニューロン数で表現可能な最大線分数を考え、その最大線分数を持つ任意の関数を表現しうるか？　という2段階の問いを考えることとなる。

意の関数を表現できる訳ではない。裏を返せば、取り扱っている**データが偶然にも深層ネットワークで表現可能なものであるならばディープラーニングはうまくいくが、そうでなければうまくいかない**のである。

それではどのようなデータであればディープラーニングはうまくいくのであろうか？[※9] 一般的な場合において、この問題に厳密に答えるのは難しい。もし恣意性を残して書くことが許されるならば、ディープラーニングが適用できるための1つの基準は、**データが階層的な構造を持つか否かだ**と考えることができる。例えば絵や写真を例に挙げれば、

1. 線分、色のグラデーション、
2. 線の交差、図形の角、
3. 目、鼻、口、三角形、
4. 人間の顔、犬の顔、

といった具合に、簡単な特徴を徐々に**組み合わせる**ことで、より複雑な特徴を**階層的に**構成することができる。実際、画像に対して上手く訓練された深層ネットワークでは、まさにこのような処理が行われている［101、51］。また我々の脳においても同様の階層的な特徴が構成されているという指摘もある［72］。このように要素的な特徴の組み合わせにより段階的に複雑な特徴を表現しうるようなデータには、画像以外にも音声やテキストなどが当てはまるだろう。事実、これらの分野でもディープラーニングは活用されている。その反面、Ｗｅｂサイトのアクセスデータなどはどうだろうか？　この場合にはデータに階層性を見つけるのは難しいかもしれない。この読みが正しければディープラーニングを適用できる望みは低いだろう。

深層ネットワークは階層的な特徴表現を活用することによって、**少ないパラメータで複雑な関数を表現できる**のだった。この特性は過学習の問題と大きく関わってくる。例えば簡単

※9 もちろん本書の他の部分で述べられているように、実際にディープラーニングを運用できるか否かには、データ数など他の要因も絡む。こちらは第5節で説明する。

なモデルにおいては、パラメータ数は過学習抑制のためのモデル複雑性の指標として利用できることが分かっている［10、35］。この理論はニューラルネットワークに直接当てはまる訳ではないが、やはりここでも、パラメータを少なくすることは過学習を抑制するために有効だと考えることができる［6］。つまりネットワークの深層性は、**ネットワークが表現する関数の複雑性は保ちながら、その表現能力に制限をかけているという意味で、ある種の正則化である**[※10]と考えることができる。事実、画像識別問題において、深層ネットワークは浅層ネットワークと比較して

・パラメータを増加させた場合に過学習しにくい、
・より高い分類性能を達成できる、

ことが報告されている［27、29、55］。これは深層性が正則化としての効果を持つことを示唆している。以上の深層性による過学習抑制の効果は非常に重要であり、また不明な点も多い

ため、近年も活発に研究が行われている［14、102］。

この節では、深層ネットワークが浅層ネットワークに比べてどのような特性を持つかを考えてきたが、実際にどのように学習を行うかに関しては触れてこなかった。実はニューラルネットワーク全般、そして特に深層ネットワークの学習には非常に難しい問題の存在が知られていた。これは１９８０年代の第２次ニューロブームと現在のディープラーニングブーム間のギャップの要因の１つである。次にこれらの難しさに関して紹介を行い、それらが今回のブームまでにいかにして改善・緩和されてきたのかを示そう。

4　学習の効率化に関する進展

※10 詳しくは第2章、および本章第5節を参照のこと。

さて繰り返しになるが、これまでに述べた誤差逆伝搬法やＳＧＤなどの技術は現在のディープラーニングにおいても中心的な位置を占めている。裏を返せば、一般に最先端の研究として認知されているディープラーニングの核心となる部分は、実は１９８０年代後半から１９９０年代前半までに提案された非常に古めかしいものなのである。このような歪みの原因は、１９９０年代前半から指摘されたニューラルネットワークに関わる技術的・原理的な困難と、そこから始まる研究の停滞に求めることができる。現在のブームが始まったのは、これらの困難が部分的に解決されたことが大きな要因である。ここではまだ未解決問題も残るこれらの困難を幾つかの種類に分類し、それぞれに対してどのような解決策が考案されてきたかを述べる。

４・１　学習における臨界点の影響

臨界点（Critical points）というのは、学習の損失関数、つまり山登りの例における地面の傾きが０となる点のことを言う。このような点の中には我々が見つけたい山の山頂、つまり問題の大域最適解も含まれている。しかしながらニューラルネットワークの学習においては、我々が山頂に辿り着きたい最も高い山（＝大域最適解）以外にも、より低い山（＝局所最適解）や峠（＝鞍点《あんてん》）がたくさん存在する［25］[※11]。

さて暗闇での山登りにおいて山頂に着いたか否かは、今立っている地面の傾きの有無をもって判断するしかない。つまり、性質の悪い、つまり**大域最適解と比べて著しく性能が悪い局所最適解や鞍点**に到達しても、大域最適解と同じく地面の傾きは0となるため、我々には大域最適解とこれらの点の見分けがつかないのである！　ここではこの問題に関してこれまでに知られていることをまとめる。

4・1・1　局所最適解

まず局所最適解（Local Minima）、つまり大域最適解より高さの低い山に関して議論しよ

※11 ここで言う最適解は損失関数の極小点を指すが、ここでは山登りのアナロジーから敢えて山という表現を使う。

う。繰り返しになるが、ニューラルネットワークの損失関数には非常に多くの高さの異なる山が存在する[25]。さらに暗闇での山登りとして例えることのできるニューラルネットワークの学習では、我々には一番高い山がどこにあるのか見当がつかないので、手当たり次第に近くの山を登っていくことしかできない。このため運よく学習において山頂（＝最適解）に辿り着いたとしても、多くの場合において局所最適解でしかない。

これは大きな計算コストを払ってニューラルネットワークを頑張って学習させても、最も良い結果を得られる保証がないということを示唆している。ニューラルネットワークにまつわる、このような扱いにくさは１９８０年代のニューラルネットワークブームが終焉した要因の１つだと言える。

さて現実的には局所最適解しか見つけ出すことができないという問題は、現在応用が進む深層ニューラルネットワークにおいても同様である。それではなぜ、これが大きな問題とならないのだろうか？　実は幸運なことに、大規模なニューラルネットワークにおいて**多くの局所最適解は大域最適解に匹敵する性能を与える**、つまり**たくさんある山の高さが実はほと**

んど同じとなるという事実が実験的に、そして近似理論に基づく解析によっても知られている［**16**、**45**、**14**］。すなわち**大規模な**ニューラルネットワークでは局所最適解の存在は大きな問題とならないのである。これは計算機および情報技術の発展によって大規模ネットワークの学習が可能となったことにより、偶然にも受けることができるようになった恩恵だと言える。

4・1・2　鞍点

ニューラルネットワークの学習において、局所最適解以外に古くから厄介だと認識されているものに鞍点（Saddle Points）がある［**1**、**68**］。鞍点というのは、ある方向には登るが、ある別の方向には下るような地点を言う（**図11**）。山脈を越える峠の地形、もしくは乗馬用の鞍の形を思い浮かべれば良い。

さて最適解とは違って鞍点は抜け出す方向があるため、学習がそこで完全に止まってしまうことはない。しかし鞍点の付近では地面、つまり損失関数の傾きは非常に小さくなるた

図11　鞍点とその付近の様子。実線で示すのは学習の軌跡の例

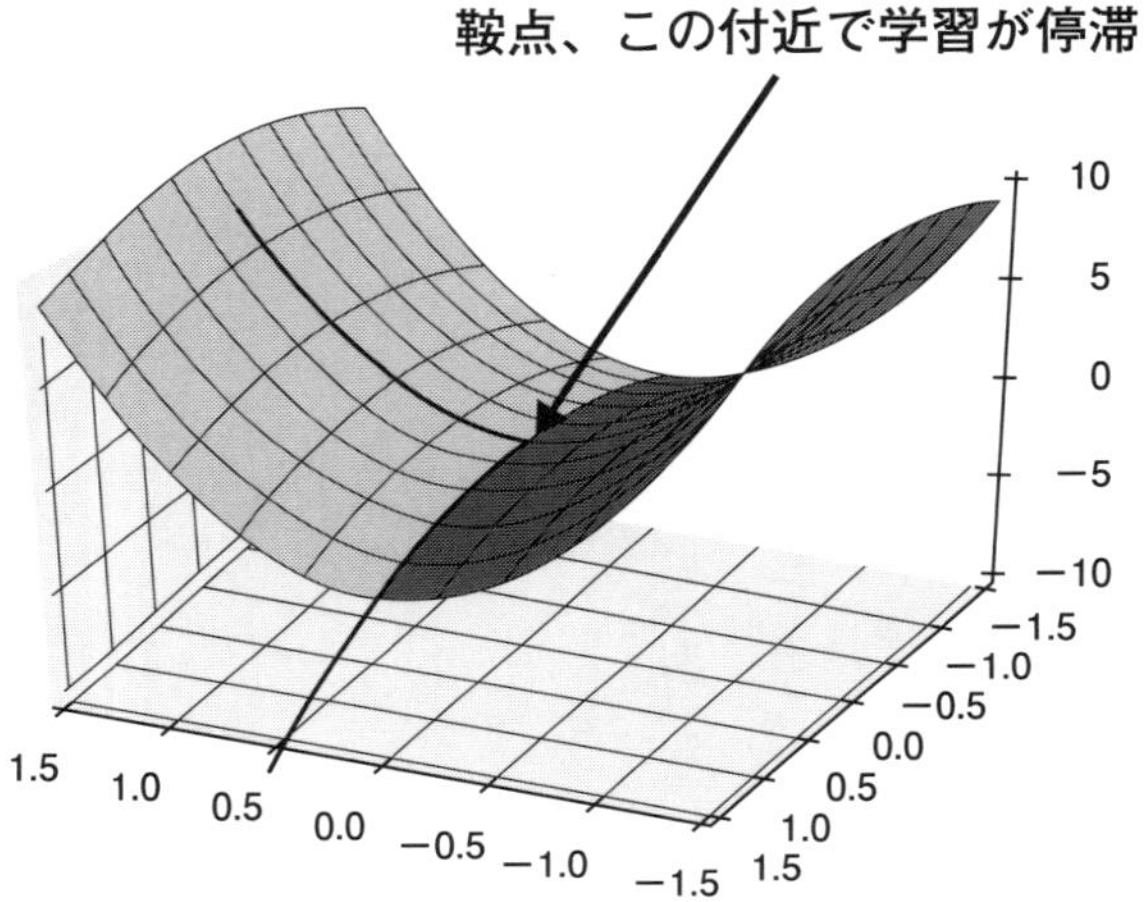

め、この付近でニューラルネットワークの学習は極度に停滞してしまう。地面の傾きだけが頼りの我々にとって、学習の停滞が最適解によるものなのか鞍点によるものなのか、つまり学習が終着点に辿り着いたのか峠に達しただけなのか判別できないのである。

鞍点の対処が重要である理由はさらに２つある。まずニューラルネットワークの損失関数には鞍点が多く存在することが理論的に知られており［**25**］、したがって鞍点による学習停滞が頻繁に起こりうることが予想できる。事実、鞍点による学習停滞は実験的にもよく知られた現象である［**1**］。次に大規模

なネットワークにおいても大域最適解と比べて性能の悪い鞍点はたくさん存在する［16］。これは局所最適解と違い、近年の深層ネットワークにおいても鞍点が重大な性能悪化を招き得ることを示している。

鞍点の抜け出しに時間を要するのは、地面の傾き、つまりパラメータの示す鋭敏性が小さくなるためである。そのため鋭敏性の減少に合わせてパラメータ更新方向を大きくしてやれば、素早く鞍点から抜け出すことができると考えられる。パラメータの鋭敏性を利用したアルゴリズムの全てが鞍点の問題と関連して提案されている訳ではないが、これらの手法によって鞍点の問題は緩和されうる。次の節では、これらの手法を幾つか紹介しようと思う。

4・2　パラメータの鋭敏性を考慮した学習の安定化

まずパラメータの鋭敏性を利用した古典的な方法に自然勾配法がある［1］。これは直感的に説明すれば、ニューラルネットワークの結合係数などのパラメータがニューラルネットワークが表現する関数に対して示す鋭敏性を利用して、パラメータの更新方向を補正する方法である［1］。

この方法は理論的および実験的に効果が実証されてはいるものの、厳密な実現には大きな計算コストを要する。そのため様々な近似法が提案されているが［67、74、19］、それでも近似精度と計算量のトレードオフの中で決定的な手法は出ていないと言える。

実は自然勾配法ではパラメータ間の依存性までを含めて鋭敏性を取り扱っている。これをパラメータごと独立に扱うことでアルゴリズムを軽量化することができる。このような手法の代表例として、Adam［46］とRMSProp［42］が知られており、大規模な深層ネットワークの学習にもよく用いられている。

さてパラメータの鋭敏性に関わる問題の1つに学習信号の消失および爆発という問題がある。この問題は以上までに述べた方法でも対処可能ではあるが、問題へより特化した手法が多く提案されていることから独立した小節として次にまとめる。

4・3 学習信号の消失と爆発の問題

学習信号消失問題(vanishing gradient)と学習信号爆発問題(exploding gradient)[8]は特に深層のネットワークの学習で顕著となる問題であるため、この問題への対処法が発展したことでネットワークの深層化が進んできたと言っても過言ではない。またこの問題は現在も完全には解決したとは言えないため、今後のディープラーニングの進展を考える上でも非常に重要である。以下では分かりやすく説明するために、各層でニューロンがただ1つだけの深層ネットワーク(**図9(a)**)を再び考える。現実のネットワークはより複雑なものであるが、このような単純なネットワークにおける議論でも問題の本質は捉えることができる。

ネットワークの学習信号は逆伝搬信号と順伝搬信号との積として計算される。このうちの逆伝搬信号は誤差逆伝搬法の説明で見たように、各層で計算した関数の傾きr_iを掛け合わせることで計算される。さてr_iの大きさによって学習信号の大きさは異なる振る舞いをする。仮に全てのiに関して$|r_i|>1$だとしよう。すると、ネットワークの階層数が大きくなる、つ

まり深層性が増すにつれて、学習信号の大きさ$|r_1 \times \cdots \times r_N| = |\Pi r_i|$は急激に増加する。逆に全ての$i$に関して$|r_i|<1$だとしよう。すると今度は深層性が増すにつれて、学習信号の大きさ$|\Pi r_i|$は急激に減少して0へ近づく。最初の例が**学習信号の爆発**であり、次の例が**学習信号の消失**である。このように全てのr_iの大きさが1より大きく、もしくは小さくなる例は一見特別な場合であり、現実には起こり得ないように思えるかもしれない。しかしながらこれらの現象は実際のニューラルネットワークの学習において頻繁に見られることが知られている。

学習信号の消失および爆発にはr_iの大きさが中心的な役割を果たすことが分かった。ではr_iの大きさを決める因子にはどのようなものがあるだろうか？　まず1つ目として非線形性の取り方が挙げられる。例としてシグモイド関数を考えよう。この関数は入力の絶対値が大きくなるとグラフが非常に平坦に、つまり微分が非常に小さくなる。r_iはこの関数微分値と結合係数w_iとの積なので、w_iが非常に大きい場合を除けば、r_iは小さな値をとることになる。※12これは学習信号の消失につながる。

r_iは関数微分値と結合係数との積であることから、非線形性の取り方以外にr_iの大きさに影響を与えるもう1つの因子はネットワークの結合係数の大きさである。つまりこの値が、非線形性の微分値とのバランスで決まる、ある一定の値よりも大きければ学習信号が爆発し、それよりも小さければ学習信号が消失する。特にRNNの学習不安定性は結合係数によるところが大きい。それは次のように考えると理解できる。まず時間方向にTだけ展開されたRNNは同じ結合係数wを持つ深層ネットワークであると見なすことができた（図6）。この場合に非線形性を無視すれば、学習信号はw^Tとなるため、先の議論から1に対するwの大小によって学習信号が爆発および消失することが分かる。

さて山登りの例でこれらの問題を捉え直そう。学習信号消失問題は、暗闇での山登りの最中に思いがけず全く傾斜のない平原のような場所に到達してしまうことを思い浮かべれば良い。このような状況では、どちらの方向へ進めば良いか、もはや見当がつかず迷ってしまう

※12 大きなw_iは次に見るように学習信号の爆発につながりかねない。また後で見るように過学習の抑制という意味でも大きなw_iは好ましくない

だろう。逆に学習信号爆発問題では、思いがけず踏み出した場所が急峻な崖であり、真っ逆さまに滑落してしまうことを思い浮かべれば良い。どちらにせよ非常に難しい局面であると言える。

さて学習信号の消失および爆発の問題を改善するため、これまで多くの試みがなされてきた。例えば学習信号の爆発に関しては、単純ながら効果的な方法として学習信号のクリッピングが知られている［59］。これは各学習ステップにおける学習信号の大きさを調べて、大きくなりすぎたものをある一定の基準値を満たすように縮小させる方法である。このように大雑把な手法でもある程度は問題を緩和できるが、より効果的にニューラルネットワークを学習させるためには、学習信号の伝搬を助けて消失や爆発を防ぐ方法が必要である。具体的には、学習信号の消失および爆発の問題は非線形性の取り方とネットワークの結合係数の値のそれぞれが直接の原因となるので、これらを上手く設定することで問題を軽減することができる。次の節ではまず非線形性の取り方による対処法を述べよう。

4・3・1　非線形性の取り方による対処法

前述の通りディープラーニング以前のアーキテクチャではシグモイド関数が活性化関数として広く利用されてきた。シグモイド関数のグラフは原点付近では1程度の傾きを持つが、原点から離れると急速に出力が飽和、つまりグラフの傾きが0に非常に近くなる（図12）。これが学習信号消失問題の要因となるのだった。裏を返せば、グラフの傾きが小さい値をとりにくい非線形性を利用すれば学習信号消失問題を緩和できると言える。この考えに基づき提案された非線形性がReLUである。ReLUはReLU$(x)=max(0, x)$で定義された非線形関数であり、$x>0$では一定の傾き1をとり続けるので、学習信号の消失を引き起こしにくい。ReLUは後述するように、ディープラーニングブームの火付け役となったKrizhevskyらの深層ネットワークを学習可能とした大きな要因の1つである［48］。ReLUの登場後に多くの亜種が提案されているが、その代表的なものにLeaky ReLU (LReLU) がある。LReLUはReLUによる学習信号消失の効果をさらに改善したものである［36］。ReLUは負の入力に関しては傾きが0となってしまっており、この領域に入力が落ちた場合には依然として学習信号は完全に

図12　非線形性と学習信号の消失。上層から伝搬してきた学習信号がどのように下位層へ伝えられるかを矢印で示す

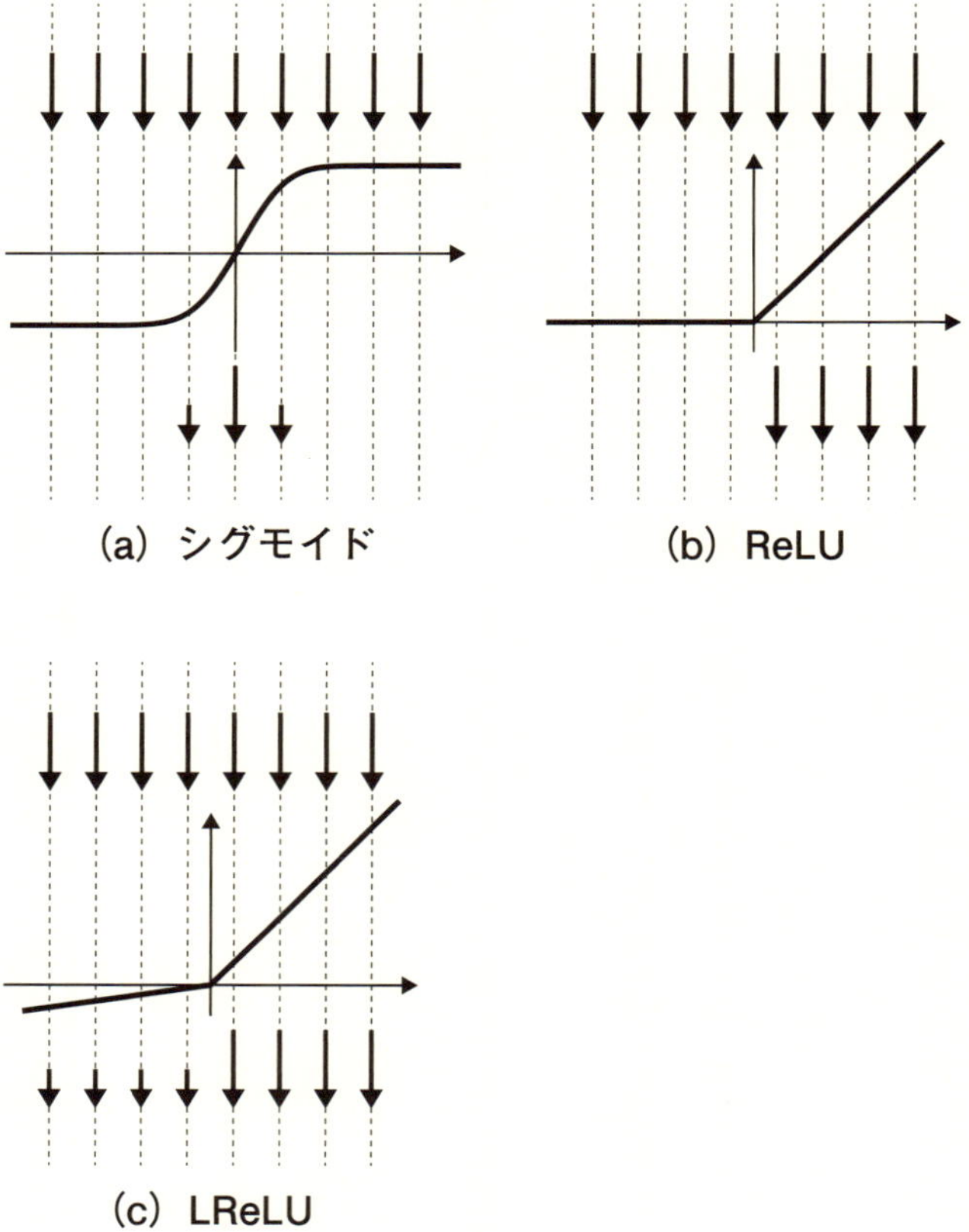

消失してしまう。LReLUは負の領域で0でない傾きを持つようにReLUを改変したものであり、これにより学習信号が完全に消失してしまうことを防いでいる。

4・3・2　結合係数を通した対処法

次に結合係数の初期化による対処法を述べよう。まずこの方法による最も最初期の方法が、事前学習（pretraining）による方法である〔**39**、**40**、**7**、**77**〕※13。これには例えば、Autoencoderや制限ボルツマン機械など浅層のニューラルネットワークが利用される。具体的には、まずデータを入力として浅層ネットワークを学習し、その後にさらにその浅層モデルの隠れ層を入力として別の浅層ネットワークを学習させるという作業を繰り返し行う。こうして得られた多数の浅層ネットワークのパラメータを結合して深層ネットワークのパラメータ

※13　実は事前学習には学習信号消失問題の緩和という効果以外に、モデル正則化の効果も含まれている。ここではディープラーニング黎明期の発展において前者の効果がより重要であったと考え、この側面を重点的に説明している。

を初期化し学習を行う。直感的に言えば、各段階の浅層ネットワークの学習において入力の重要な情報が1つ上の層へ伝えられるため、結果として深層ネットワークの上位層まで情報が効果的に伝わると言える。実際、より後年の研究［**77**］で、このように構成された深層ネットワークの結合係数は、深層ネットワークにおいても学習信号をよく伝えることが示されている。

事前学習による学習信号消失問題の軽減は、ディープラーニングが提案された２００６年から数年の間はネットワークの深層化を支える上で最も重要な要素技術だと言えた。しかしながら近年では、先に述べたReLUの利用や、より利便性の高い初期化法によりとって代わられている［**26**[※14]］。

さてこれまで述べてきた結合係数の**初期化**による方法では、学習によってパラメータが変化してしまうことで初期の良い条件が崩れてしまい、その結果学習が不安定化する可能性がある。この問題を解決するため、結合係数が学習信号を良く伝える条件を満たすように学習を制限してしまう方法も存在する［**2**］。これはまだ発展途上の技術であり、今後の進展が期待できる。

4・3・3　ネットワーク構造による対処法

学習信号の消失および爆発の問題は、これまで説明してきた方法だけでなくネットワーク構造を適切に設計することによっても軽減できる。ここではその代表的な例としてLong Short Term Memory（LSTM）を中心に手法を紹介する。

LSTMはRNNの一種であり、RNNにまつわる学習の困難を低減するために提案されたものである［**78**］。RNNは原理的に言えば、どんな長期に渡る情報でも隠れ層に記憶することができる。この特性によってRNNは複雑な時系列に対しても予測などが行える。しかし先に述べたように現実の学習においては、RNNの隠れ層は学習信号の消失および爆発による不安定性から長期の情報保持には適していない［**8**］。

※14　なお正則化としての事前学習は現在でも広く利用されている［**99**、**88**］。

ＬＳＴＭは長期の情報保持に適したメモリーセル（ＭＣ）と呼ばれる特別なニューロンを通常のＲＮＮに組み合わせたものだと理解できる［**66**］。ＭＣに関するリカレント結合は非線形性がなく、また結合係数は1であり、そして異なるＭＣ間の複雑な相互作用などもなく、恒等的に情報を伝達する。つまりＭＣは外部からの制御が入らなければ、単純に前の時刻と同じ状態を保持し続けるため、長期の情報保持に適している。また学習信号の消失および爆発の問題は非線形性と結合係数が原因であったので、ＭＣ単体としては、これらの問題を含まないと言える。ＭＣだけでは入力に応じた動的な処理ができないので、ＬＳＴＭではＭＣに忘却、情報の入出力に関する制御が入る。これらの制御は通常のＲＮＮのように、非線形性と結合係数の学習を通して複雑な挙動が許される。制御部分に非線形性および結合係数が含まれるため、もちろんＬＳＴＭが完全に学習信号の消失および爆発の問題から解放された訳ではない。しかしながら、通常のＲＮＮでは学習ができなかった長期に渡る複雑な関係性をＬＳＴＭにより学習できることが実験的に示されている［**30**］。現在、時系列予測を初めとして、言語翻訳や文章の意味理解など複雑なタスクにおいてＬＳＴＭは重要な要素技術として利用されている。

ＬＳＴＭの成功を受けて、ネットワーク構造を変えることにより通常のＭＬＰでも学習信号の効率的な伝搬を実現しようという流れも生まれている。代表的なものがhighway networkとresidual networkである［**82**、**37**］。両方とも入力側から出力側への結合に、ＬＳＴＭのＭＣに似た恒等的に情報を伝達する迂回路を用意することで深層ネットワークにおける情報伝達を助けている。

バッチ正規化（batch normalization）と呼ばれる手法も、ネットワーク構造の変更により学習信号の伝搬を助ける手法である。バッチ正規化はネットワークの各層において順伝搬信号を平均０、分散１に正規化する操作を加える。正規化においてミニバッチから推定した統計量を利用するため、特に**バッチ**正規化と呼ばれる。バッチ正規化による学習改善のメカニズムは完全には解明されてはいないものの、大幅な学習の高速化が実験的に知られている。

以上のネットワーク構造の工夫により学習信号の伝搬を助ける研究は比較的新しいものだと言え、今後の展開が気になるところである。

4・4　計算機の発展

さて深層ネットワークのような大規模なニューラルネットワークの学習においては、膨大な計算量が必要となる。この点において、この数十年における計算機の発展が今日のディープラーニングの発展に与えた影響は無視することができない。ここではその歴史を振り返ろうと思う。

まず計算機の発展に関してはムーアの法則が知られている。これは第1章で述べられたように、18カ月程度でトランジスタの集積度、つまりシリコンチップの単位面積当たりに詰め込むことのできるトランジスタの量が倍増するという経験的事実を述べたものである。一般に$Y>1$の場合にX年でY倍するという関係は、借金の利子が雪だるま式に大きくなるように爆発的な増大を示す。この計算機の爆発的な発展がなければ、ニューラルネットワークの現実世界への応用は不可能であったと言っても良い。

具体的な例を見てみよう。まず１９８９年にLeCunらが文字認識に利用したデバイスは

25MFLOPSつまり1秒間に２５００万回の計算を実行可能なDigital Signal Processor（ＤＳＰ）であった。それに対して、２０１７年現在でディープラーニングに利用される代表的なGraphical Processing Unit（ＧＰＵ）であるNVIDIA社のGTX1080の計算能力は9TFLOPS、つまり1秒間に９兆回の計算が可能である。これは１９８９年のＤＳＰの35万倍の計算能力である。つまり１９８０年代には現在の35万分の1程度の規模のネットワークで実験を行うしかなかったと言える。これでは複雑で大規模なデータに適しているニューラルネットワークの特性を十分に活かすことができないばかりか、第４・１・１節で述べたように性質の悪い局所最適解の影響も大きく受けてしまう。

さてＧＰＵとは何だろうか？　ＧＰＵは元来３次元グラフィックスの処理に特化した演算補助装置であり、コンピュータグラフィックスを作成するために発展してきたデバイスである。グラフィックス関係の処理はピクセルの足し合わせや荷重の掛け合わせなど、単純な操作を非常に巨大な画像に対して実行する必要がある。こういった操作を効率良く実行するため、ＧＰＵは単純で小さなコアを非常にたくさん集積する方向に進化してきた。これはどのような問題にも対応できるようにＣＰＵのコアがより複雑になってきたことと対称的である。事実、近年でもＣＰＵには10程度までのコアしか搭載されないことが多いが、ＧＰＵには数千のコアが搭載されるのが普通である。つまりＧＰＵはコアの集積度という意味で、ムーアの法則の恩恵を大きく受けることのできる計算機アーキテクチャであると言える。

さて例えば流体の運動シミュレーションなど多くの科学技術計算も、実は並列化が容易な単純かつ莫大な回数の演算が必要であり、その反面ＣＰＵが得意とする複雑な演算制御が必要でないことがある。つまり、これらの処理をＣＰＵに任せてしまうと、トランジスタの利用効率が悪いのである。この点に着目し２０００年代に汎用ＧＰＵ（General Purpose GPU）と呼ばれる、ＧＰＵを科学技術計算に応用しようとする潮流が起きた。汎用ＧＰＵにより、科学技術計算はムーアの法則による計算機発展の恩恵を最大限受けることができるのである。

我々が興味を持つ大規模なニューラルネットワークの学習においても、その計算は膨大な量の単純演算に帰着される。つまり**ニューラルネットワークの学習は汎用ＧＰＵとの相性が**

良く、ムーアの法則による計算機発展の恩恵を受けやすいと言える。ここに初めて目をつけたのはスタンフォード大学の研究チームであり、ＣＰＵを用いた場合の深層ネットワークの学習と比べて、十～数十倍程度の高速化が実現された［**71**］。そして第6節で詳しく解説する、２０１２年のKrizhevskyらの物体認識への応用によりディープラーニングへの汎用ＧＰＵの利用が決定的となった。

その後も汎用ＧＰＵのディープラーニングへの応用は大きく進歩しており、２０１３年から２０１５年までの間にＧＰＵを利用した場合の深層ネットワークの学習は50倍にも高速化している［**43**］。この一見したところムーアの法則を大幅に上回るような高速化は、これまで３次元グラフィックス向けにデザインされてきたＧＰＵがディープラーニング向けにチューニングされ始めたことなどによる。このような技術革新は今後もさらに進むと思われる。

5　過学習との戦い、正則化の発展

第2章で詳しく述べられているように、機械学習、特に深層ネットワークのように大きなモデルの学習においては**過学習**が大きな問題となる。

機械学習で**利用できるデータには限りがある**ため、データに含まれるノイズの影響を完全に除去することはできない。もし学習がノイズに引きずられてしまうと、モデルは意味のない情報を獲得してしまう。これが**過学習**であると言える。

機械学習においてモデルの過学習を抑制するための方法を**正規化、もしくは正則化(regularization)**と呼ぶ。ディープラーニングに用いられる正則化法は多岐にわたるが、ここではディープラーニングの発展に大きく寄与したもの、もしくは今後の発展に関わりそうなものという観点から3つの種類の正則化を紹介をする。

5・1 モデルに関する事前知識

5・1・1 事前知識と正則化

正則化には様々な種類の実現法があるが、そのうちの1つはモデルに関する**事前知識**を導入する方法である。これは**データやモデルの特性などから、事前にモデルに関して得られる知識および仮定などを利用して有限のデータに対する学習を助ける方法**であると、直感的には理解できる。つまり事前知識があれば、モデルがノイズに引きずられて過学習しかけた場合に、このモデルの様子はおかしいので過学習ではないだろうか、などと見当をつけることができるのである。

ニューラルネットワークを対象としたこのような正則化としてはL1およびL2正則化と呼ばれるものが古くから用いられている。これはネットワークの結合係数が大きな値を取らないように制約を加える正則化である。

次の小節では画像処理などに適したネットワーク構造として広く知られている、畳み込みニューラルネットワークを説明する。これはネットワーク構造に対する制限という形でモデルに関する事前知識を加えた正則化であると言える［29］。

5・1・2　画像識別モデルと畳み込みニューラルネットワーク

畳み込みニューラルネットワーク（Convolutional Neural Network. Convnet、CNNとも呼ばれる。本章では以下CNNと表記）は元来1989年に画像認識のために考案されたアーキテクチャであり［53］、近年においても最も重要なアプリケーションはやはり画像認識である。例を示せば、Imagenet Large Scale Visual Recogonition Challenge（ILSVRC）という画像認識の精度を競う国際的なコンペティションの成績は、2012年以降、深層CNNの適用によって大幅に向上している［76］。またCNNは画像だけでなく、音声・音響認識、そして近年に至っては自然言語処理へも応用され始めており、ディープラーニングを語る上で欠くことができない技術であると言える。

さて取り扱うデータとして写真や絵のような一般的な画像を考えよう。このようなデータでは画像を構成するピクセルは空間的につながりをもって並んでいる。例えば画像のある点とそこから少し離れた点では似たような色が存在する可能性が高いが、より離れた点ではその傾向は弱まるだろう。また画像は、縦横のずれに対して不変性があるとも言える。これは例えばカメラのアングルを少し変えて撮影した2枚の写真があったとき、我々はどちらの写真も同じように判別できることを思い浮かべて欲しい。これらの特性を意識して構成されたネットワーク構造が畳み込みニューラルネットワークである。

このネットワーク構造は大きく分けて2つの特徴的な構成要素からなる。1つは畳み込み層、もう1つはプーリング層である。畳み込み層のニューロンは、空間および特徴に関して広がりをもつ多数のニューロンで構成される。その1つを抜き出して構造を見てみよう。あるニューロンは空間的に連続した少数の入力（この数をカーネル幅という）に対して局所的な結合を持っている（**図13**）。これは画像のある小さな一部分に着目して特徴を抜き出していると理解できる。そして全く同じ結合係数を利用したニューロンが画像のそれぞれの箇所で同様の特徴抽出を行うことで、画像を特徴量マップと呼ばれる出力へ変換する。特徴量マップは、ある特徴が空間的にどのように出現するかを計算したものである。この操作を複

図13　畳み込み層の構造。ここでは説明のため1次元上の畳み込みを示すが、画像処理における2次元の畳み込みも基本的な構造は同じである

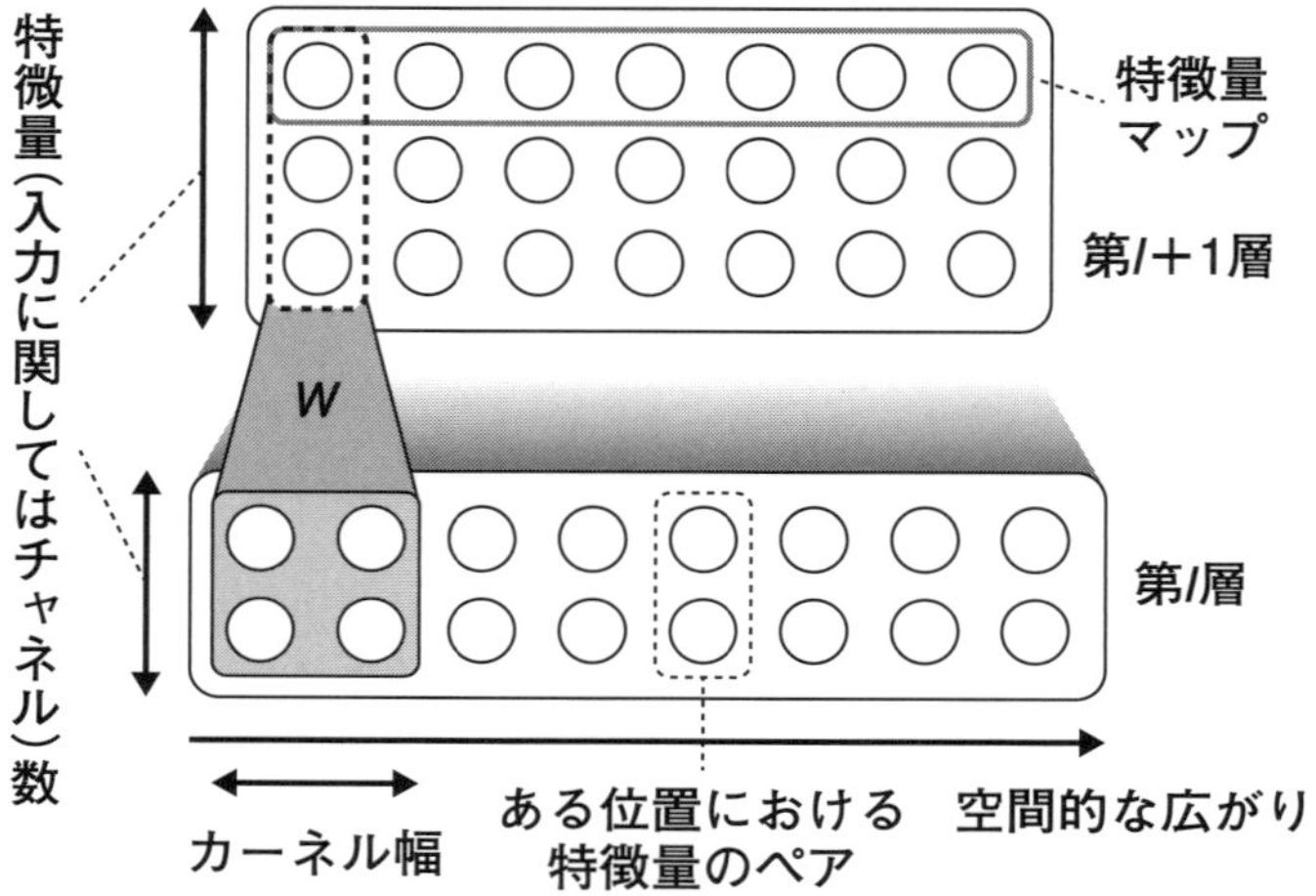

数用意された、フィルターとも呼ばれる結合係数に対してそれぞれ計算を行うことで畳み込み層の出力が計算される（これが特徴に関する広がりに対応する）。

なぜこのような操作が画像に対して有効なのだろうか？　それは先に述べた、画像の持つ局所的な関係性とズレに対する不変性から理解できる。まず画像の局所的な一部分内のピクセルは強い関係性を持つ。この関係性は局所的な結合であるフィルターにより効果的に取り扱うことができ、多数のフィルターによって関係性が分解され特徴量に変換される。そ

図14　プーリング層の構造

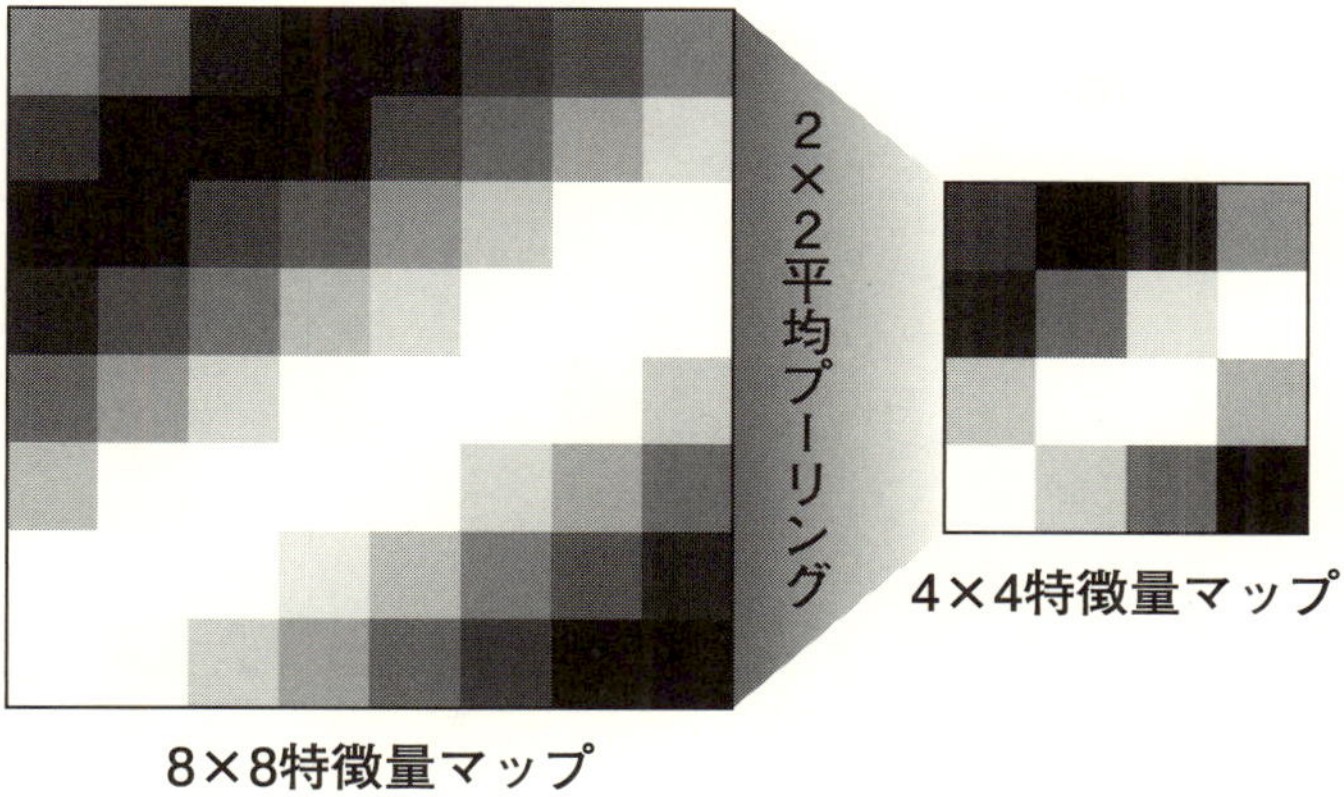

して画像は位置のズレに対して不変性があったので、同様にフィルターもズレに対する不変性が期待できる。つまりは**異なる位置での結合係数の再利用**が可能となる。この特性により畳み込みニューラルネットワークはパラメータ数を抑えることができ、第3節で見たように、それはつまり**モデルの過学習を抑える**ことにつながる。

さて畳み込み層だけを積み重ねてネットワークを構成することも可能ではあるのだが、その場合被写体の回転などにより写り方が変化してしまうだけでネットワークは敏感に反応してしまう。この過敏性を抑えるために導入されるプーリング層は、各特徴量マップを**粗視化**する（図14）。つまり特徴量マップを画像として見た時に局所的にピクセルを平均化して画像を**粗くダウンサンプル**する。ダウンサンプルの方法にはピクセル値の平均化やその最大値を利用することなどがある。この操作により畳み込みニューラルネットワークの識別を画像位置のズレに関して安定化することができる。

5・2　データセット

5・2・1　巨大なデータセットの利用

過学習はデータセットが十分でないことが要因なので、巨大なデータセットを利用するというのは自然な正則化法だとも言える。ただし、正則化は多くの場合、解くべき問題、つまりデータセットが決められた上で過学習を抑制するための方法として導入されるので、過学習を防ぐために十分に大きなデータセットを利用するという考えを正則化と呼ぶのは普通の感覚ではナンセンスである。しかしながらニューラルネットワーク研究の発展という広い視野で議論する場合、巨大なデータセットが利用できるようになったのは非常に重要である。データの巨大さはまさしくモデルの過学習を防ぐ効果を持つので、ここでは敢えてこれを正則化の一種として紹介する。

さて１９８０年代末から１９９０年代に利用可能であったデータセットは非常に小さなものであった。例えば１９９８年の文字認識用深層ＣＮＮで利用されたＭＮＩＳＴデータの学習データは６万の画像からなっていた［54］。それに対して２０１２年の物体認識用深層ＣＮＮに利用されたILSVRC-12の学習データは１２０万もの画像からなる［48］。もちろんＭＮＩＳＴよりILSVRC-12はデータおよび問題自体も複雑になっているため、両者を単純に比較することには意味がない。しかしながら１９９８年にILSVRC-12のようなカラー画像を仮に集めることを試みた場合、それはＭＮＩＳＴ程度の規模にしかならなかったと予想される。この意味で１９９８年にはデータ数による正則化の効果を現在のように得ることはできなかっただろうと結論できる。

別の例として言語モデルに関する研究も比べよう。１９９１年のElmanの論文では人工的に生成した疑似言語を学習データとしてＲＮＮを学習させたが、このデータセットの大きさはわずか1万単語からなるものであった［22］。それに対してＲＮＮによる自然言語分析の先駆けとなった２０１０年のＲＮＮ言語モデルでは、最も小さなデータセットでさえ20万単語からなり、最も大きなものでは３７００万もの単語からなる［59］。こちらも問題の複雑性が同等ではないのではあるが、画像認識と同様の議論が成り立つと言える。

さてデータセットの大規模化による正則化効果をディープラーニングが大きく享受することができたのは、ニューラルネットワークがＳＧＤのおかげで大規模データに関してスケールしやすいからである。これはカーネル法などが大規模データに対して容易にはスケールしないのと対照的である。この意味においてもＧＰＵ利用の場合と同様に、ニューラルネットワークはＩＣＴ技術の進展による恩恵を大きく受けることができていると言える。

５・２・２　Data Augmentation

さて視点を通常の機械学習の文脈に戻して、ある与えられたデータセットに関してデータ数による正則化の効果を得ることを考えよう。もしデータを何らかの方法で水増しすることができれば、これは実現できる。例えば写真に写されたものが何であるかを答える場合、写真の大きさや位置、傾きなどが多少変化しても写された物が何であるかは変わらない。このため人工的にこのような操作を加えて学習データを増やすことで、過学習を抑制できるのである［48］。これがData Augmentationと呼ばれる方法であり、画像を扱う場合にとても有効である。

5・3 アンサンブル学習

また複数の学習器を組み合わせるアンサンブル学習も正則化の別の実現法である。アンサンブル学習では、モデルを独立に学習させる。それぞれのモデルはそれぞれの条件に従って過学習し得る。しかしこれらモデルの多数決をとることにより、学習データに依存した個々のモデルの癖が平滑化され、過学習が抑制される。アンサンブル学習の具体的な実現法としては、独立に学習したモデルを複数組み合わせる単純なアンサンブルや、異なるデータを利用するBaggingなどが用いられている。

dropoutはHintonらが提案した正則化法であり［41］、ランダムにニューロンを選択し、選択されたニューロンのみを使ってネットワークを駆動・学習する。ここでニューロンの選択パターンのそれぞれが異なるニューラルネットワークに対応すると見なせば、dropoutは結局アンサンブル学習を効率的に実現する方法であるとも言える［4］。

ディープラーニングにおけるアンサンブル学習の意義は近年特に高まっている。例えば近年のILSVRCにおける上位のスコアは深層ネットワークのアンサンブルによることが多い［76］。さらに第４・３節で紹介したresidual networkは、dropoutと同様に擬似的なアンサンブル学習を達成しているとの指摘もある［92］。深層ネットワークの効率的アンサンブル学習法に関する研究は今後ますます活発になっていくと思われる。

6　ディープラーニングのこれまで、そしてこれから

6・1　ディープラーニング発展の歴史

ディープラーニングはこの数年の間で急激に進展してきた研究分野である。これまで本章では、ディープラーニングを支える考え方や基礎的な技術などをまとめてきた。しかしディープラーニングは未だ発展途上にあるので、既存の手法を並べるだけでなく、そこから今後の発展を予測することがより重要だと言える。そのため、ここでは第2次ニューロブームの後から現在のブームまでに何があったのか、時間発展を意識しながらディープラーニングの発展の歴史を追ってみようと思う。

まず現在のディープラーニングの直系の先祖と言えるものは、1998年のLeCunらによるLeNet-5と呼ばれる深層CNN［**54**］と1997年のSchmidhuberらによるLSTM［**78**］だと思われる。これらでは**SGDおよび誤差逆伝搬法を利用した深層ネットワークの学習**がなされており、これらは現在のディープラーニングの祖型である。またこれらの研究で確立された、深層CNNやLSTMなどの技術は今日のディープラーニングを支える基礎技術となっている。

　それではなぜこれらの研究からディープラーニングの発展までに10年もの月日がかかったのだろうか？　その要因は**データおよび計算機の能力がまだ十分でなかった**ため、問題設定が**ニューラルネットワークの得意とする領域に達することができていなかった**点であると言える。例えばＬＳＴＭに関しては、現実のデータ、特に現在注目を集めるテキストデータへの応用まで進まなかったのは、この制限が大きかったと思われる。また深層ＣＮＮに関しては、前述したＭＮＩＳＴではデータ数が足りなかったのだろうと考えることができる。さらに深層ＣＮＮにおいては深層ネットワークの学習法が未熟であったことも、応用分野がすぐには広がらなかった要因だろう。

　汎用性の高い深層ネットワークの学習法は２００６年のHintonらによる事前学習の発見を待たねばならなかった［**40**、**39**］。これは現在では利用頻度は減ってしまったが、**多くの場面に適用できる深層ネットワークの学習法が初めて確立された**ことで様々な深層ネットワークの学習方法や深層の特徴表現に関する基礎研究が加速されたと言える［**55**、**26**、**51**、

７］。

次の大きな転機点はHintonのチームによる２０１２年のILSVRCへの深層ＣＮＮの適用である［48］。ILSVRCは２０１０年から始まる大規模な一般画像を利用した物体認識のコンペティションである。２０１０年から２０１１年にかけては数％程度の精度向上しか達成されなかったが、２０１２年のILSVRCでHintonらの深層ＣＮＮは前年の優勝モデルに比べて10％程度もの大きな改善を実現した。ディープラーニングが機械学習という分野全体で大きな存在感を示し始めるのはこれ以降である。

彼らの深層ＣＮＮを支えた技術を列挙してみると、

・ＳＧＤおよび誤差逆伝搬法（第2節を参照）、
・畳み込み層およびプーリング層の利用（第５・１・１節）、
・Data Augmentation（第５・２・２節）、
・汎用ＧＰＵ（第４・４節）、

・ReLU（第４・３・１節）、
・Dropout（第５・３節）、

であるのは

となる。このように彼らの方法は様々なテクニックの集積であるが、個々の技術より重要であるのは

1．主にGPUとReLUの利用により比較的簡単に大規模なディープラーニングが実現できること、
2．さらにILSVRC-12のような大規模データと大規模なディープラーニングの相性が良いこと、

を実証した点にあると言える。

またディープラーニングの自然言語への応用も深層CNNと並行して進んでいる。まず2

003年にニューラルネットワークの大規模自然言語データへの応用が機械学習の文脈で整理された［5］。これは人工的な疑似言語でなく、自然言語への深層ネットワークの応用のきっかけを作った意味で重要である。これを受けて2010年にMikolovらによりRNNによる自然言語モデル構築がなされ［59］、2012年にはLSTMがこの問題へ応用された［84］。これらの進展においても、やはりデータの蓄積と計算機の発達が重要な役割を果たしたことは明白である。

さて本章における議論も踏まえると、ここまでに述べたディープラーニングの進展は、

1．ニューラルネットワークはビッグデータおよび並列計算との相性が良く、ICT技術の発展による、データ量・コンピュータ資源の爆発的増加の恩恵を大きく受けることができた、
2．深層ネットワークとの相性が良いデータが現実世界に存在した、
3．深層ネットワークの学習法が確立した、

ことによる寄与が大きいと言える。このうち1および3に関しては未だに技術的改善の余地が残っており、また2に関しては第3節に述べたディープラーニングの効果に関する議論など未解明の部分が残っている。これらは今後しばらくはディープラーニングにおける基礎研究の重要なテーマとなるだろう。

6・2 より複雑な応用へ：Part1

この章ではディープラーニングの基礎に関わる事項を中心に紹介してきたので、応用に関する説明は少なかったと言える。しかしながら、先に見たようにディープラーニングの発展は応用分野から始まっており、また今後の発展においても応用分野の広がりが、より一層重要となるだろう。ここでは今後重要となってくると思われるディープラーニングの応用分野での潮流を幾つか紹介する。まず本小節ではこれらの応用を支える要素技術の説明を行い、次小節で具体的な応用分野の説明を行う。

6・2・1 アテンション

アテンション（attention）は近年大きく注目されているニューラルネットワークの構成法の1つであり、画像識別［62、96］、画像生成［32］、文章生成［97、13］、そして言語翻訳［24、3、91］などへ適用されている。アテンションとは直訳すれば注意の意味であるが、これは文字通り、入力等のある特定の部分に関してニューラルネットワークが注意を向けて処理できるようなメカニズムだと言える。

ここではアテンションを利用した1つの例として、画像に合わせた文の生成［97］を紹介しよう。提案されているモデルの概略は、CNNを利用して画像から抽出された特徴量マップを入力としてLSTMが駆動されて文章を生成するというものである。

アテンションは特徴量マップがLSTMへ渡される間に仕込まれている。ここでのアテンションは、LSTMの隠れ層の状態により算出された特徴量マップのそれぞれの位置に関する重みである。ある箇所の重みが大きければ、その分だけLSTMはその部分の入力を重視する、つまりその部分へ注意を向けていると理解することができる。適切にネットワークの学習が進むことにより、ネットワークは現在までに生成した文章とこれから生成しようとする文章に応じて画像の適切な位置へアテンションを向けて効果的に文章の生成が行えるようになる。

アテンションが画期的であるのは、ニューラルネットワーク自体の状態によって、ニューラルネットワークの情報の流れを動的に制御することができる点だと言える。従来、多くのニューラルネットワークでは情報の流れは学習が終わってしまえば静的であり、あらかじめ決められたネットワーク構造と学習によって決まったパラメータによってルートが決まってしまっていた。それに対して、アテンションを利用したネットワークでは、ネットワークの下位層や以前の時刻の状態に基づいて、情報の流れが動的に決定される。この特性により、従来のネットワークに比べて柔軟な動作が可能となり、それに応じて優れた学習結果が得られているのだと思われる。

6・2・2 Generative Adversarial Network

Generative Adversarial Network（GAN）は、2014年に提案された生成的なニューラルネットワークの学習法および学習されたネットワークの総称である［28］。

生成的なニューラルネットワークとして古典的なものには、第2・4・3節で説明したボルツマン機械がある。GANもボルツマン機械もネットワークから得られたサンプルがデータセットに含まれるサンプルに類似するように、言い換えればネットワークの表現する確率分布とデータセットの従う確率分布が類似するように学習が行われる点においては変わらない。GANの画期的な点は、サンプル生成メカニズムと分布の類似性を決める評価基準を変えたことにある。

まずサンプル生成メカニズムに関して説明すれば、ボルツマン機械ではマルコフ連鎖モンテカルロ法と呼ばれるアルゴリズムによりサンプルが行われる。このアルゴリズムは逐次的で遅く、さらには学習や推論に都合がよい独立性の高いサンプルを生成するにはさらに時間がかかるという問題点があった。それに対してGANでは多変量ガウス分布などを初期段階で利用するため、独立なサンプルを高速に生成することができる。多変量ガウス分布はノイズ源としても利用されることから分かる通り、この初期段階のサンプルには我々にとって意味のある面白い情報は含まれていない。そのためＧＡＮではGeneratorと呼ばれるＭＬＰを利用して、初期段階サンプルを意味のあるサンプルへ変換する。

次に分布の類似性を決めるための評価基準について説明しよう。ボルツマン機械の学習では、データセットに含まれるサンプルがネットワークによって生成される確率を最大化することで学習が行われる。これはKullback-Leibler divergenceと呼ばれる情報理論由来の尺度により、確率分布の類似性を評価していることとなる［**10**］。この方法の問題点は、ボルツマン機械のような複雑な生成モデルでは計算量の問題から確率の計算が一般的には困難である点である。この問題を軽減するために多くの近似手法が提案されてはいるが、これらもマルコフ連鎖モンテカルロ法などの低速なサンプリング手法に依存することが多い。ＧＡＮではDiscriminatorと呼ばれるＭＬＰにより確率分布の類似性を評価することでこれらの問題点を排除している。Discriminatorは入力としてGeneratorが生成したサンプル、もしくはデータセットからのサンプルを受け取り、それぞれがGenerator由来であるか、それともデータセット由来であるかを識別する。つまりGeneratorから得られた多くのサンプルをDiscriminatorが誤ってデータセット由来であると識別したら、Generatorの表現する確率分布がデータセットの従う確率分布に十分近いと言えるのである。※15

GANの学習においてはGeneratorとDiscriminatorの2つのMLPを同時に学習させる．その際、GeneratorはDiscriminatorの識別が間違うように、そしてDiscriminatorはGenerator由来のサンプルを正しく識別できるように学習が行われる。このように2つのネットワークが相反する目的にしたがって学習されるため、学習が敵対的（adversarial）だと呼ばれる。

※15 確率分布の類似性を評価することに分類器を利用するというアイディアは［34］へ遡ることができる。この意味においてGANの優れた点は、このアイディアとディープラーニングの親和性に着目した点であるとも言える。

6・3　より複雑な応用へ：Part2

6・3・1　画像生成

画像生成はデータを真似てコンピュータに絵や写真を描かせる機械学習の問題であり、近年GANの登場により大きく研究が進展している。これは将来的には映像やゲーム制作などへの応用が期待されている。

元々画像生成では制限付きボルツマン機械やAuto Encoder、またはDeep Belief Networkといった深層ネットワークを中心に研究が進められてきた［**15**、**73**、**47**、**55**］。その後、効率的なサンプリングや学習を可能とするモデルに関して研究が行われ［**9**、**70**、**89**、**50**、**33**］、第6・2・2節で述べたGAN［**28**、**18**］や、RNNを利用したモデルが提案されるに至っている［**90**、**32**］。

GANは効率的な学習が行えること、そして人間が見ても自然な画像を生成することができることから特に活発に研究が行われている［**18**、**69**］。またGANは条件付きの画像生成問題へ拡張することで、様々なドメインにおける画像変換へ応用できることも最近実証されている［44］[※16]。

6・3・2　言語と意味に関して

ディープラーニングの言語分野への応用はニューラル言語モデルの研究［5、59］に始まるが、近年はより言語の抽象的な意味に関わる研究が大きく進展しているように思われる。まず単語の意味表現としてはword2vecがよく知られている［60］。word2vecは文章中のある同一の文脈（ここでは数単語から成る文章の局所的な部分）において現れやすい単語が類似した特徴量をもつように特徴量を学習するアルゴリズムである。word2vecにより学習された特徴量の空間では、単語の意味に応じた足し算や引き算が行えることも報告されている。この意味では単語の抽象的な意味に関する情報が特徴量へ反映されていると言える。また同様のモデルを単語より大きな文章の単位へ拡張・適用した研究［52］も知られている。

※16　2016年から2017年に話題となった漫画の自動彩色はこの技術を利用している。

またRNN（多くの場合LSTM）言語モデルの隠れ層の状態へ、抽象的な文章の情報を埋め込むことができることも近年明らかになっている［93、86］。これは言語翻訳で実証され［86］、その後、会話モデル［93］などへも応用されている。なお言語翻訳においては、アテンションの利用が近年大きく着目されてもいる［24、3、91］。これらのモデルにおいても、言語の意味を反映していると思われる抽象的な特徴量を介して翻訳が行われている。

ニューラルネットワークで意味や概念の関係性を学習するには、知識ベースと呼ばれる概念の関係グラフを利用する方法もある［81］。

単語や概念の意味を表現するだけでなく、言語に関する※17論理的な操作といった、より高度な処理への試みもなされている。まずコンピュータ科学において、論理的な処理というのはチューリング機械と呼ばれる抽象的なコンピュータに関して議論されることが多い。ニューラルチューリング機械はチューリング機械の構成要素をニューラルネットワークの層で置き換えたモデルであり、様々なアルゴリズムの学習が可能であると報告されている［31、100］。またメモリーネットワークと呼ばれる、実用性を考慮したモデルもある［95、83、49］。メモリーネットワークは複数の説明文から得た情報により、質問に対する論理的な回答を行うことができる。

言語にとどまらず画像や映像の意味表現に関する研究も進んでいる［98、97、20、23］。これらは将来的にスマートなコンピュータインターフェース等へ応用されると期待される。

6・3・3　強化学習

この章の締めくくりとして、囲碁におけるプロ棋士への勝利で話題となった、強化学習とディープラーニングの組み合わせ（深層強化学習）に関して解説を行おう。まず強化学習は、これまで本章で触れてきた教師あり、および教師なし学習とは別の機械学習の枠組みである。強化学習では学習の対象であるエージェントと環境を考え、エージェントが環境と相互作用しながら得られる報酬を最大化することで学習が行われる。

※17 ニューラルチューリング機械は、現状では自然言語への適用はなされていないようである。

強化学習とニューラルネットワークとの組み合わせ自体は新しいものではなく、１９８０年代から知られている［**87**］。この点では、深層強化学習も一般のディープラーニングと同様に、その基礎的なアイディアは１９８０年代からの遺産で成り立っていると言える。

深層強化学習の初めの大きな進展は、現在はGoogle傘下であるDeepMindによるDeep Q-Network（ＤＱＮ）の提案にある［**63**］。ＤＱＮはＱ学習［**87**］と呼ばれる強化学習アルゴリズムにおける、エージェントが取る行動の価値を決める関数Ｑを深層ＣＮＮで近似したものである。ＤＱＮの画期的な点は、ビデオゲームのスクリーンのような高次元の入力に対する直接的な強化学習を初めて実現したことにある。ＤＱＮによるビデオゲームの学習デモはYouTubeに公開されている［**17**］。学習のイメージがつかめるかと思うので興味のある方は参照されたい。ＤＱＮは深層ネットワークの学習を安定化するexperience replayと呼ばれる技術が用いられているが、※18 このような安定化技術に関しても研究の進展が見られる［**61**］。

最後にGoogleのAlphaGoに関して触れよう［**80**］。これは深層強化学習とMonte Carlo Tree Search（ＭＣＴＳ）［**12**、**11**］と呼ばれるゲームＡＩのための既存手法を組み合わせたものである。ＭＣＴＳは、ゲーム木と呼ばれるゲーム展開の可能性を並べたものを効率的に探索するアルゴリズムである。AlphaGoでは、まず深層強化学習を囲碁に対して実施して盤面の良し悪しに関する評価関数を深層ＣＮＮで学習する。そこで得られた評価関数をＭＣＴＳにおけるゲーム木探索と盤面評価へ利用することで最終的な手の選択を行う。AlphaGoが人間でもトップレベルのプロ棋士を破ったのは記憶に新しい。

囲碁というボードゲームの中ではＡＩが解くのが難しいとされていたゲーム［**65**］において成果が出てしまったので、今後、深層強化学習は別の方向へ研究が進むだろう。１つ考えられるのは自動運転を初めとする現実社会への応用である。これには誤作動の可能性や、現実世界での安全な学習の問題などがあり今後の進展が期待できる［**103**］。

※18 ［**63**］でも述べられているが、experience replay自体も古くから存在する手法である［**56**］。その意味でDQNの意義は、ディープラーニングの進展を踏まえた上で、ニューラルネットワークと強化学習の組み合わせの持つ意義を再検証した点にあると言える。

参考文献

[1] Shun-Ichi Amari.Natural gradient works efficiently in learning.Neural computation, Vol. 10, No. 2, pp.251-276, 1998.

[2] Martin Arjovsky, Amar Shah, and Yoshua Bengio. Unitary evolution recurrent neural networks. International Conference on Machine Learning, pp. 1120-1128, 2016.

[3] Dzmitry Bahdanau, Kyunghyun Cho, and Yoshua Bengio. Neural machine translation by jointly learning to align and translate. arXiv preprint arXiv:1409.0473, 2014.

[4] P Baldi and P J Sadowski. Understanding Dropout. Advances in Neural Information Processing Systems 26, 2013.

[5] Yoshua Bengio, Réjean Ducharme, Pascal Vincent, and Christian Jauvin. A neural probabilistic language model. Journal of machine learning research, Vol. 3, No. Feb, pp. 1137-1155, 2003.

[6] Yoshua Bengio, et al. Learning deep architectures for AI, Vol. 2. Now Publishers, Inc., 2009.

[7] Yoshua Bengio, Pascal Lamblin, Dan Popovici, and Hugo Larochelle. Greedy layer-wise training of deep networks. Advances in Neural Information Processing Systems 19, p. 153. MIT; 1998, 2007.

[8] Yoshua Bengio, Patrice Simard, and Paolo Frasconi. Learning long-term dependencies with gradient descent is difficult. IEEE transactions on neural networks, Vol. 5, No. 2, pp. 157-166, 1994.

[9] Yoshua Bengio, Li Yao, Guillaume Alain, and Pascal Vincent. Generalized Denoising Auto-Encoders as Generative Models. Advances in Neural Information Processing Systems 26, May 2013.

[10] Christopher M Bishop. Pattern recognition and machine learning (information science and statistics), 1st edn. 2006. corr. 2nd printing edn. Springer, New York, 2007.

[11] Jeff Bradberry. Introduction to Monte Carlo Tree Search. https://jeffbradberry.com/

posts/2015/09/intro-to-monte-carlo-tree-search/, 2015.

[12] Cameron B Browne, Edward Powley, Daniel Whitehouse, Simon M Lucas, Peter I Cowling, Philipp Rohlfshagen, Stephen Tavener, Diego Perez, Spyridon Samothrakis, and Simon Colton. A survey of monte carlo tree search methods. IEEE Transactions on Computational Intelligence and AI in games, Vol. 4, No. 1, pp. 1-43, 2012.

[13] William Chan, Navdeep Jaitly, Quoc V Le, and Oriol Vinyals. Listen, attend and spell. arXiv preprint arXiv:1508.01211, 2015.

[14] Anna Choromanska, Mikael Henaff, Michael Mathieu, Gérard Ben Arous, and Yann LeCun. The loss surfaces of multilayer networks. Artificial Intelligence and Statistics, pp. 192-204, 2015.

[15] Aaron C Courville, James Bergstra, and Yoshua Bengio. Modeling Natural Image Covariance with a Spike and Slab Restricted Boltzmann Machine . deeplearningworkshopnips2010.files.wordpress.com.

[16] Yann N Dauphin, Razvan Pascanu, Caglar Gulcehre, Kyunghyun Cho, Surya Ganguli, and Yoshua Bengio. Identifying and attacking the saddle point problem in high-dimensional non-convex optimization. Advances in neural information processing systems, pp. 2933-2941, 2014.

[17] DeepMind. DQN Breakout. https://www.youtube.com/watch?v=TmPfTpjtdgg, 2016.

[18] Emily Denton, Soumith Chintala, Arthur Szlam, and Rob Fergus. Deep Generative Image Models using a Laplacian Pyramid of Adversarial Networks. arXiv.org, June 2015.

[19] Guillaume Desjardins, Karen Simonyan, Razvan Pascanu, et al. Natural neural networks. Advances in Neural Information Processing Systems, pp. 2071-2079, 2015.

[20] Jeffrey Donahue, Lisa Anne Hendricks, Sergio Guadarrama, Marcus Rohrbach, Subhashini Venugopalan, Kate Saenko, and Trevor Darrell. Long-term recurrent convolutional networks for visual recognition and description. Proceedings of the IEEE conference on computer vision and pattern

recognition, pp. 2625-2634, 2015.

[21] Jeffrey L Elman. Finding structure in time. Cognitive science, Vol. 14, No. 2, pp. 179-211, 1990.

[22] Jeffrey L Elman. Distributed representations, simple recurrent networks, and grammatical structure. Machine learning, Vol. 7, No. 2-3, pp. 195-225, 1991.

[23] Hao Fang, Saurabh Gupta, Forrest Iandola, Rupesh K Srivastava, Li Deng, Piotr Dollár, Jianfeng Gao, Xiaodong He, Margaret Mitchell, John C Platt, et al. From captions to visual concepts and back. Proceedings of the IEEE conference on computer vision and pattern recognition, pp. 1473-1482, 2015.

[24] Orhan Firat, Kyunghyun Cho, and Yoshua Bengio. Multi-way, multilingual neural machine translation with a shared attention mechanism. arXiv preprint arXiv:1601.01073, 2016.

[25] Kenji Fukumizu and Shun-ichi Amari. Local minima and plateaus in hierarchical structures of multilayer perceptrons. Neural networks, Vol. 13, No. 3, pp. 317-327, 2000.

[26] Xavier Glorot and Yoshua Bengio. Understanding the difficulty of training deep feedforward neural networks. Proceedings of the Thirteenth International Conference on Artificial Intelligence and Statistics, pp. 249-256, 2010.

[27] Ian J Goodfellow, Yaroslav Bulatov, Julian Ibarz, Sacha Arnoud, and Vinay Shet. Multi-digit number recognition from street view imagery using deep convolutional neural networks. International Conference on Learning Representations, 2014.

[28] Ian J Goodfellow, Jean Pouget-Abadie, Mehdi Mirza, Bing Xu, David Warde-Farley, Sherjil Ozair, Aaron Courville, and Yoshua Bengio. Generative Adversarial Networks. Advances in Neural Information Processing Systems 27, 2014.

[29] Ian Goodfellow, Yoshua Bengio, and Aaron Courville. Deep Learning. MIT Press, 2016. http://www.

deeplearningbook.org.
[30] Alex Graves. Generating sequences with recurrent neural networks. arXiv preprint arXiv:1308.0850, 2013.
[31] Alex Graves, Greg Wayne, and Ivo Danihelka. Neural Turing Machines. arXiv.org, October 2014.
[32] Karol Gregor, Ivo Danihelka, Alex Graves, and Daan Wierstra. DRAW: A Recurrent Neural Network For Image Generation. In Proceedings of the 32nd International Conference on Machine Learning, 2015.
[33] Karol Gregor, Ivo Danihelka, Andriy Mnih, Charles Blundell, and Daan Wierstra. Deep AutoRegressive Networks. Proceedings of the 31st International Conference on Machine Learning, 2014.
[34] Michael Gutmann and Aapo Hyvärinen. Noise-contrastive estimation: A new estimation principle for unnormalized statistical models. Proceedings of the Thirteenth International Conference on Artificial Intelligence and Statistics, pp. 297-304, 2010.
[35] Trevor Hastie, Robert Tibshirani, and Jerome Friedman. The Elements of Statistical Learning. Springer Series in Statistics. Springer New York Inc., New York, NY, USA, 2001.
[36] Kaiming He, Xiangyu Zhang, Shaoqing Ren, and Jian Sun. Delving deep into rectifiers: Surpassing human-level performance on imagenet classification. Proceedings of the IEEE international conference on computer vision, pp. 1026-1034, 2015.
[37] Kaiming He, Xiangyu Zhang, Shaoqing Ren, and Jian Sun. Deep residual learning for image recognition. Proceedings of the IEEE conference on computer vision and pattern recognition, pp. 770-778, 2016.
[38] Geoffrey E Hinton. Training products of experts by minimizing contrastive divergence. Neural computation, Vol. 14, No. 8, pp. 1771-1800, 2002.

[39] Geoffrey E Hinton, Simon Osindero, and Yee Whye Teh. A fast learning algorithm for deep belief nets. Neural Computation, Vol. 18, No. 7, pp. 1527-1554, July 2006.

[40] Geoffrey E Hinton and Ruslan Salakhutdinov. Reducing the Dimensionality of Data with Neural Networks (Materials) . Science, Vol. 313, No. 5786, pp. 504-507, July 2006.

[41] Geoffrey E Hinton, Nitish Srivastava, Alex Krizhevsky, Ilya Sutskever, and Ruslan R Salakhutdinov. Improving neural networks by preventing co-adaptation of feature detectors. arXiv preprint arXiv:1207.0580, 2012.

[42] Geoffrey Hinton, Nitish Srivastava, and Kevin Swersky. Lecture 6a overview of mini-batch gradient descent. http://www.cs.toronto.edu/~tijmen/csc321/slides/lecture_slides_lec6.pdf, 2012.

[43] Jensen Huang. Accelerating AI with GPUs: A New Computing Model. https://blogs.nvidia.com/blog/2016/01/12/accelerating-ai-artificial-intelligence-gpus/, 2016.

[44] Phillip Isola, Jun-Yan Zhu, Tinghui Zhou, and Alexei A Efros. Image-to-image translation with conditional adversarial networks. arXiv preprint arXiv:1611.07004, 2016.

[45] Kenji Kawaguchi. Deep learning without poor local minima. Advances in Neural Information Processing Systems, pp. 586-594, 2016.

[46] Diederik Kingma and Jimmy Ba. Adam: A Method for Stochastic Optimization. arXiv.org, December 2014.

[47] Alex Krizhevsky and Geoffrey Hinton. Convolutional deep belief networks on cifar-10. Unpublished manuscript (2010).

[48] Alex Krizhevsky, Ilya Sutskever, and Geoffrey E Hinton. ImageNet Classification with Deep Convolutional Neural Networks. In NIPS '12, 2012.

[49] Ankit Kumar, Ozan Irsoy, Peter Ondruska, Mohit Iyyer, James Bradbury, Ishaan Gulrajani, Victor

Zhong, Romain Paulus, and Richard Socher. Ask me anything: Dynamic memory networks for natural language processing. In Maria Florina Balcan and Kilian Q. Weinberger, editors, Proceedings of The 33rd International Conference on Machine Learning, Vol. 48 of Proceedings of Machine Learning Research, pp. 1378-1387, New York, New York, USA, 20-22 Jun 2016. PMLR.

[50] Hugo Larochelle and Iain Murray. The neural autoregressive distribution estimator. Journal of Machine Learning Research, Vol. 15, pp. 29-37, 2011.

[51] Quoc V Le, Marc'Aurelio Ranzato, Rajat Monga, Matthieu Devin, Kai Chen, Greg S Corrado, Jeffery Dean, and Andrew Y Ng. Building high-level features using large scale unsupervised learning. In Proceedings of the 29th International Conference on Machine Learning, pp. 81-88, 2012.

[52] Quoc Le and Tomas Mikolov. Distributed representations of sentences and documents. Proceedings of the 31st International Conference on Machine Learning (ICML-14), pp. 1188-1196, 2014.

[53] Yann LeCun, Bernhard Boser, John S Denker, Donnie Henderson, Richard E Howard, Wayne Hubbard, and Lawrence D Jackel. Backpropagation applied to handwritten zip code recognition. Neural computation, Vol. 1, No. 4, pp. 541-551, 1989.

[54] Yann LeCun, Léon Bottou, Yoshua Bengio, and Patrick Haffner. Gradient-based learning applied to document recognition. Proceedings of the IEEE, pp. 2278-2324, 1998.

[55] Honglak Lee, Roger Grosse, Rajesh Ranganath, and Andrew Y Ng. Convolutional deep belief networks for scalable unsupervised learning of hierarchical representations. Proceedings of the 26th International Conference on Machine Learning, pp. 609-616. ACM, 2009.

[56] Long-Ji Lin. Reinforcement learning for robots using neural networks. Technical report, Carnegie-Mellon Univ Pittsburgh PA School of Computer Science, 1993.

[57] James L McClelland, David E Rumelhart, PDP Research Group, et al. Parallel distributed processing,

Vol. 2. MIT press Cambridge, MA, 1987.

[58] Warren S McCulloch and Walter Pitts. A logical calculus of the ideas immanent in nervous activity. The bulletin of mathematical biophysics, Vol. 5, No. 4, pp. 115-133, 1943.

[59] Tomas Mikolov, Martin Karafiát, Lukas Burget, Jan Cernocký, and Sanjeev Khudanpur. Recurrent neural network based language model. Interspeech, Vol. 2, pp. 1045-1048, 2010.

[60] Tomas Mikolov, Ilya Sutskever, Kai Chen, Greg S Corrado, and Jeff Dean. Distributed representations of words and phrases and their compositionality. Advances in neural information processing systems, pp. 3111-3119, 2013.

[61] Volodymyr Mnih, Adria Puigdomenech Badia, Mehdi Mirza, Alex Graves, Timothy Lillicrap, Tim Harley, David Silver, and Koray Kavukcuoglu. Asynchronous methods for deep reinforcement learning. International Conference on Machine Learning, pp. 1928-1937, 2016.

[62] Volodymyr Mnih, Nicolas Heess, Alex Graves, and Koray Kavukcuoglu. Recurrent Models of Visual Attention. Advances in Neural Information Processing Systems 27, June 2014.

[63] Volodymyr Mnih, Koray Kavukcuoglu, David Silver, Alex Graves, Ioannis Antonoglou, Daan Wierstra, and Martin Riedmiller. Playing Atari with Deep Reinforcement Learning. arXiv.org, 2013.

[64] Guido Montúfar, Razvan Pascanu, KyungHyun Cho, and Yoshua Bengio. On the Number of Linear Regions of Deep Neural Networks. Advances in Neural Information Processing Systems 27, 2014.

[65] Martin Müller. Computer go. Artificial Intelligence, Vol. 134, No. 1-2, pp. 145-179, 2002.

[66] Christopher Olah. Understanding LSTM Networks. http://colah.github.io/posts/2015-08-Understanding-LSTMs/, 2015.

[67] Razvan Pascanu and Yoshua Bengio. Revisiting natural gradient for deep networks. arXiv preprint arXiv:1301.3584, 2013.

[68] Razvan Pascanu, Yann N Dauphin, Surya Ganguli, and Yoshua Bengio. On the saddle point problem for non-convex optimization. International Conference on Learning Representations, 2014.

[69] Alec Radford, Luke Metz, and Soumith Chintala. Unsupervised representation learning with deep convolutional generative adversarial networks. arXiv preprint arXiv:1511.06434, 2015.

[70] Tapani Raiko, Li Yao, KyungHyun Cho, and Yoshua Bengio. Iterative Neural Autoregressive Distribution Estimator (NADE-k) . Advances in Neural Information Processing Systems 27, 2014.

[71] Rajat Raina, Anand Madhavan, and Andrew Y Ng. Large-scale deep unsupervised learning using graphics processors. Proceedings of the 26th annual international conference on machine learning, pp. 873-880. ACM, 2009.

[72] Maximilian Riesenhuber and Tomaso Poggio. Hierarchical models of object recognition in cortex. Nature neuroscience, Vol. 2, No. 11, 1999.

[73] Salah Rifai, Yoshua Bengio, Yann Dauphin, and Pascal Vincent. A Generative Process for Sampling Contractive Auto-encoders. Proceedings of the 29th International Conference on Machine Learning, 2012.

[74] Nicolas L Roux, Pierre-Antoine Manzagol, and Yoshua Bengio. Topmoumoute online natural gradient algorithm. Advances in neural information processing systems, pp. 849-856, 2008.

[75] David Rumelhart, Geoffrey Hinton, and Ronald Williams. Learning representations by back-propagating errors. Nature, Vol. 323, No. 6088, pp. 533-538, 1986.

[76] Olga Russakovsky, Jia Deng, Hao Su, Jonathan Krause, Sanjeev Satheesh, Sean Ma, Zhiheng Huang, Andrej Karpathy, Aditya Khosla, Michael Bernstein, et al. Imagenet large scale visual recognition challenge. International Journal of Computer Vision, Vol. 115, No. 3, pp. 211-252, 2015.

[77] Andrew M Saxe, James L McClelland, and Surya Ganguli. Exact solutions to the nonlinear dynamics

of learning in deep linear neural networks. International Conference on Learning Representations, 2014.

[78] Jürgen Schmidhuber and Sepp Hochreiter. Long short-term memory. Neural Computation, Vol. 9, pp. 1735-1780, 1997.

[79] Shai Shalev-Shwartz and Shai Ben-David. Understanding Machine Learning: From Theory to Algorithms. Cambridge University Press, New York, NY, USA, 2014.

[80] David Silver, Aja Huang, Chris J Maddison, Arthur Guez, Laurent Sifre, George Van Den Driessche, Julian Schrittwieser, Ioannis Antonoglou, Veda Panneershelvam, Marc Lanctot, et al. Mastering the game of go with deep neural networks and tree search. Nature, Vol. 529, No. 7587, pp. 484-489, 2016.

[81] Richard Socher, Danqi Chen, Christopher D Manning, and Andrew Ng. Reasoning with neural tensor networks for knowledge base completion. In Advances in neural information processing systems, pp. 926-934, 2013.

[82] Rupesh K Srivastava, Klaus Greff, and Jürgen Schmidhuber. Training very deep networks. Advances in neural information processing systems, pp. 2377-2385, 2015.

[83] Sainbayar Sukhbaatar, Jason Weston, Rob Fergus, et al. End-to-end memory networks. In Advances in neural information processing systems, pp. 2440-2448, 2015.

[84] Martin Sundermeyer, Ralf Schlüter, and Hermann Ney. Lstm neural networks for language modeling. Thirteenth Annual Conference of the International Speech Communication Association, 2012.

[85] Ilya Sutskever, James Martens, George Dahl, and Geoffrey Hinton. On the importance of initialization and momentum in deep learning. Proceedings of the 30th International Conference on Machine Learning, pp. 1139-1147, 2013.

[86] Ilya Sutskever, Oriol Vinyals, and Quoc V Le. Sequence to Sequence Learning with Neural Networks. arXiv.org, September 2014.
[87] Richard S Sutton and Andrew G Barto. Reinforcement Learning: An Introduction. The MIT Press, 1998.
[88] Toshimitsu Uesaka, Kai Morino, Hiroki Sugiura, Taichi Kiwaki, Hiroshi Murata, Ryo Asaoka, and Kenji Yamanishi. Multi-view Learning over Retinal Thickness and Visual Sensitivity on Glaucomatous Eyes. KDD '17: Proceedings of the 23th ACM SIGKDD international conference on Knowledge discovery and data mining. ACM, 2017.
[89] Benigno Uria, Iain Murray, and Hugo Larochelle. NADE: The real-valued neural autoregressive density-estimator. Advances in Neural Information Processing Systems 26, June 2013.
[90] Aaron van den Oord, Nal Kalchbrenner, Lasse Espeholt, Oriol Vinyals, Alex Graves, et al. Conditional image generation with pixelcnn decoders. In Advances in Neural Information Processing Systems, pp. 4790-4798, 2016.
[91] Ashish Vaswani, Noam Shazeer, Niki Parmar, Jakob Uszkoreit, Llion Jones, Aidan N Gomez, Lukasz Kaiser, and Illia Polosukhin. Attention is all you need. arXiv preprint arXiv:1706.03762, 2017.
[92] Andreas Veit, Michael J Wilber, and Serge Belongie. Residual networks behave like ensembles of relatively shallow networks. Advances in Neural Information Processing Systems, pp. 550-558, 2016.
[93] Oriol Vinyals and Quoc Le. A neural conversational model. arXiv preprint arXiv:1506.05869, 2015.
[94] Paul J Werbos. Backpropagation through time: what it does and how to do it. Proceedings of the IEEE, Vol. 78, No. 10, pp. 1550-1560, 1990.
[95] Jason Weston, Sumit Chopra, and Antoine Bordes. Memory Networks. arXiv.org, October 2014.
[96] Tianjun Xiao, Yichong Xu, Kuiyuan Yang, Jiaxing Zhang, Yuxin Peng, and Zheng Zhang. The

application of two-level attention models in deep convolutional neural network for fine-grained image classification. Proceedings of the IEEE Conference on Computer Vision and Pattern Recognition, pp. 842-850, 2015.

[97] Kelvin Xu, Jimmy Ba, Ryan Kiros, KyungHyun Cho, Aaron Courville, Ruslan Salakhutdinov, Richard Zemel, and Yoshua Bengio. Show, Attend and Tell: Neural Image Caption Generation with Visual Attention. Proceedings of the 32nd International Conference on Machine Learning, 2015.

[98] Li Yao, Atousa Torabi, Kyunghyun Cho, Nicolas Ballas, Christopher Pal, Hugo Larochelle, and Aaron Courville. Describing videos by exploiting temporal structure. Proceedings of the IEEE international conference on computer vision, pp. 4507-4515, 2015.

[99] Jason Yosinski, Jeff Clune, Yoshua Bengio, and Hod Lipson. How transferable are features in deep neural networks? Advances in neural information processing systems, pp. 3320-3328, 2014.

[100] Wojciech Zaremba and Ilya Sutskever. Reinforcement Learning Neural Turing Machines. arXiv.org, May 2015.

[101] Matthew D Zeiler and Rob Fergus. Visualizing and Understanding Convolutional Networks. arXiv.org, November 2013.

[102] Chiyuan Zhang, Samy Bengio, Moritz Hardt, Benjamin Recht, and Oriol Vinyals. Understanding deep learning requires rethinking generalization. International Conference on Learning Representations, 2017.

[103] 岡野原大輔「最新の人工知能技術とその応用」人工知能学会２０１７年度全国大会、２０１７。

あとがき

駒場の森は今、蝉時雨《せみしぐれ》の真っ只中です。ちなみに今年の初鳴きは、アブラゼミが7月5日、ミンミンゼミが7月13日でした。

子供の頃、昆虫採集に熱中しました。我々の世代は、そういう子供たちが多かったのです。九州育ちということもありますが、やはり今よりも自然がもっと豊かだったのでしょう。当然のように、将来の夢は昆虫学者になることでした。同じく我々の世代には、そういう夢を持つ子供たちが多かったように思います。

ただ、私が少し異質だったのは、50歳過ぎてもしつこくその夢を持ち続けていたことです。雑誌のインタビューなどでも、「将来の夢は昆虫学者になることです」と明言していました。

２００７年だったか、いくつかの偶然が重なって当時３年に１回開かれていたNeuroethology（神経行動学）の国際会議にたまたま出席してから、気持ちが変わりました。

なんとそこには、現代の昆虫学者たちがたくさんいたのです。そして、予想もしていなかったことでしたが、彼ら、彼女らは昆虫の脳を研究していたのでした。

私の昆虫学者のイメージは、子供の頃の昆虫採集から外挿して、未開の山野に分け入って珍しい昆虫たちを採集して標本箱を飾るというものでした。しかし、私が見た現代の昆虫学者たちは脳の研究者でした。

そこでふと思いました。私は脳の理論研究者で脳の実験研究者たちとも共同研究を続けてきていますから、結局現代の昆虫学者たちとほぼ同じことを研究している訳です。ということは、もし子供の頃の夢通り昆虫学者になっていたとしても、今と同じような研究をしていたことになります。これは、私の夢は実はかなっていたということになるのではないでしょうか？　何という幸運でしょう！　それ以降、学生たちに「若い頃に夢があって、何らかの理由でかなっていなくても、夢は持ち続ける方がいいよ。僕みたいに、予想もしていなかったような意外な形でかなうこともあるから」と熱く語っていました。

ところがです。２０１１年に驚くべきニュースが飛び込んで来ました。１９３３年、１９

３４年にブータンでオス３頭、メス２頭が採集されて以来、誰も再発見出来なかったブータンシボリアゲハが、東京大学総合研究博物館の矢後《やご》勝也《まさや》さんを含む日本調査隊らによって、ブータンの奥地で見事に再発見されたのです。

実際にその標本を見た時、胸が高鳴るとともに、やはり私の夢はかなっていなかったんだと強く感じました。それと同時に、再び昆虫学者の夢を持ち続けながらも、せめて脳の研究にはもっと貢献したいとあらためて気合を入れ直しました。

大沢文夫先生は、「単細胞生物ゾウリムシの自発性とヒトの自由意志とは、隔絶したものではない」と言われます（大沢文夫：『「生きものらしさ」をもとめて』藤原書店、２０１７）。確かにそんな気もします。そして、それならば昆虫たちも同様だと思います。第１章の図10で、単細胞生物から多細胞生物、そして人間への分岐を論じましたが、分岐には隔絶しない連続的なものもあるのです。

技術的特異点の問題以前に、そもそも我々は昆虫の脳全体を解明出来るのでしょうか？　ゾウリムシや昆虫のように軽やかに躍動するロボットを作れるのでしょうか？　もうしばらく、昆虫採集と脳研究の間を行ったり来たりしながら、人工知能の将来を考え続けてみたいと思います。

合原一幸

2017年　盛夏

執筆者略歴

第1章

合原一幸（あいはら・かずゆき）

東京大学生産技術研究所教授、同大学院情報理工学系研究科教授、同大学院工学系研究科教授、理化学研究所ＡＩＰ特任顧問。１９５４年生まれ。東京大学大学院工学系研究科博士課程修了。東京大学大学院工学系研究科教授、同新領域創成科学研究科教授、ＪＳＴ・ＥＲＡＴＯ合原複雑数理モデルプロジェクト研究総括、内閣府／ＪＳＰＳ・ＦＩＲＳＴ最先端数理モデルプロジェクト中心研究者等を経て、現職。専門はカオス工学、数理工学。主な編著書に『理工学系からの脳科学入門』（東京大学出版会）、『脳はここまで解明された――内なる宇宙の神秘に挑む』、『暮らしを変える驚きの数理工学』（いずれもウェッジ）など。

第2章

牧野貴樹（まきの・たかき）

Google Inc. シニアソフトウェアエンジニア。１９７４年生まれ。東京大学大学院理学系研究科博士課程修了。東京大学総括プロジェクト機構特任助教、同生産技術研究所最先端数理モデル連携研究センター特任准教授を経て現職。専門はコミュニケーションのシステム論と強化学習。編著書に『これからの強化学習』（森北出版）。

第3章

金山　博（かなやま・ひろし）

日本アイ・ビー・エム株式会社東京基礎研究所のリサーチ・スタッフ・メンバー。１９７５年生まれ。２０００年より同研究所にて、構文解析、意味解析などの自然言語処理の基礎技術、および評判分析、文書校正などへの応用に関する研究に従事している。２０１１年に米国のクイズ番組で人間に勝利したWatsonのプロジェクトに参画し、情報抽出の部分を担当していた。２０１２年に東京大学で博士号取得。近年は電子情報通信学会の言語理解とコミュニケーション専門委員会の委員長としてテキストアナリティクス・シンポジウムを企画し、学術とビジネスを結びつける活動もしている。

第4章

河野　崇（こうの・たかし）

東京大学生産技術研究所准教授、医師。１９７１年生まれ。東京大学医学部医学科卒業後、東京大学大学院工学系研究科博士課程修了。浜松医科大学医員を経て、現職。専門はニューロモルフィックハードウェア、神経システムモデリング。共著に、『脳を知る・創る・守る・育む 10』（クバプロ）、『自己組織化ハンドブック』（ＮＴＳ）、『応用数理ハンドブック』（朝倉書店）など。

第5章

青野真士（あおの・まさし）

慶應義塾大学環境情報学部（SFC）准教授、東京工業大学地球生命研究所（ELSI）フェロー。1977年生まれ。慶應義塾大学環境情報学部卒業、神戸大学大学院自然科学研究科博士課程前期／後期課程修了、博士（理学）。以降、複雑系科学や自然計算といった、自然現象を創発的計算課程として捉える研究を専攻。理化学研究所とJSTさきがけにて、粘菌アメーバに学んだ革新的コンピュータの研究を進め、ナノデバイスの物理ダイナミクスや揺らぎを活用する非ノイマン型コンピュータの開発に取り組む。平成28年度文部科学大臣表彰「若手科学者賞」受賞。東工大ELSIでは、地球生命の起源を明らかにするべく、化学進化実験と創発計算モデルを組み合わせたアプローチを提唱。

技術解説

木脇太一（きわき・たいち）

東京大学情報理工学系研究科特任助教。1986年生まれ。東京大学大学院工学系研究科博士課程修了後、株式会社ユニーク勤務を経て現職。専門は機械学習、ニューラルネットワーク学習アルゴリズムの分析。

人工知能はこうして創られる

2017年9月20日　第1刷発行

編著者　合原一幸

著　者　牧野貴樹、金山 博、河野 崇、青野真士、木脇太一

発行者　山本雅弘

発行所　株式会社ウェッジ

〒101-0052　東京都千代田区神田小川町一丁目3番地1
NBF小川町ビルディング 3階
電話 03-5280-0528　FAX 03-5217-2661
http://www.wedge.co.jp/　振替 00160-2-410636

装　丁　bookwall（村山百合子）

組　版　株式会社明昌堂

印刷・製本所　株式会社暁印刷

※定価はカバーに表示してあります。 ISBN978-4-86310-185-2　C0050

※乱丁本・落丁本は小社にてお取り替えいたします。